0을 찾아서

숫자의 기원을 찾으려는 수학자의 모험

0을 찾아서

아미르 D. 악젤 지음 | **김세미** 옮김

초판 1쇄 펴낸날 2017년 3월 31일
초판 2쇄 펴낸날 2018년 12월 28일
펴낸이 이종미 | **펴낸곳** 담푸스 | **대표** 이형도 | **등록** 제395-2008-00024호
주소 (우)10477 경기도 고양시 덕양구 은빛로 45 꽃무리빌딩 204호
전화 031)919-8510(편집) 031)911-8513(주문관리) | **팩스** 0303)0515-8907
메일 dhampus@dhampus.com | **홈페이지** http://dhampus.com |

편집 김현정, 김성은 | **마케팅** 한동우 | **디자인** 최진규

책값은 뒤표지에 있습니다.
잘못 만든 책은 구입하신 서점에서 바꾸어 드립니다.

ISBN : 978-89-94449-83-8 03410

이 도서의 국립중앙도서관 출판예정도서목록(CIP)은
서지정보유통지원시스템 홈페이지(http://seoji.nl.go.kr)와
국가자료공동목록시스템(http://www.nl.go.kr/kolisnet)에서 이용하실 수 있습니다.
(CIP제어번호 : CIP2017006252)

Finding Zero

0을 찾아서

숫자의 기원을 찾으려는 수학자의 모험

아미르 D. 악젤 지음
김세미 옮김

차례

감사의 말

이 책을 쓸 수 있도록 지원을 아끼지 않은 뉴욕의 알프레드 슬론 재단과 재단에서 일반인들의 위한 프로그램을 책임지는 도런 웨버와 직원들에게 감사의 마음을 전한다. 슬론 재단이 나를 믿어 주지 않았다면, 그리고 재단에서 지원하는 연구 보조금이 없었다면 이 책은 나오지 못했을 것이다. 또한 현재 숫자 체계에서 가장 오래된 제로가 담긴 'K-127'이라는 소중한 비석이 다시 발견되어 과학계의 주목을 끄는 일도 없었을 것이다.

이 여정에 많은 사람들의 도움이 있었다. 본인이 직접 "크메르 제로"라는 별명을 붙인 비석을 다시 찾아내는 데 도움을 준 캄보디아 문화 예술부의 합 토우치 국장에게 감사드린다. 참로은 칸, 로타낙 양, 티 소켕, 사탈 쿤, 대릴 콜린스, 다카오 하야시, C. K. 라주, 프레드 린턴, 제이콥 메스킨, 마리나 빌, W. A. 카셀만, 에릭 디외, 그리고 특히 프놈펜의 앤디 브라우어의 도움에 감사드린다.

내 대리인인 뉴욕 라이터스 하우스의 앨버트 주커만이 보여 준

이 프로젝트에 대한 열정과 도움에도 감사드린다. 담당 편집자인 캐런 월니의 사려 깊은 편집, 그리고 비판과 제안 덕분에 원고가 훨씬 좋아진 것에 고마움을 전한다. 로렌 로핀토와 캐럴 맥길리브레이의 탁월한 편집 및 통찰력 있는 논평과 더불어 복잡한 제작 과정을 부드럽게 처리해 준 앨런 브래드쇼와 탁월한 교열 담당자 빌 워홉에게도 고마움의 말을 전한다. 디자이너 레이첼 에이크와 미술 감독 데이비드 발데오싱 로트스타인과 식자를 맡아 준 레트라 리브르 덕분에 원고가 책으로 거듭날 수 있었다.

마지막으로 아내인 데브라가 준 모든 조언과 도움에 지극히 감사한다. 그녀는 최초의 제로를 찾는 이 커다란 모험의 여정에 동참해 주었으며 이 책에 사용된 몇몇 사진도 찍어 주었다.

서문

지금까지 인간이 이루어 낸 가장 위대한 추상적 개념이 바로 숫자를 발명한 것이다. 우리 삶의 거의 모든 것이 숫자이며, 숫자로 표현되거나, 숫자로 계산된다. 그러나 우리가 이렇게까지 의존하는 숫자가 과연 어디에서부터 나왔는지에 대해서는 아직 수수께끼에 싸여 있다. 이 책은 내가 평생 사로잡혀 있던 숫자의 근원을 찾는 이야기이다. 아주 초기 바빌로니아 설형 문자의 숫자와 이후 그리스 및 로마의 문자로 된 숫자에 대해 알려진 역사를 간단히 추적하고 가장 중요한 질문을 던진다. 오늘날 우리가 사용하는 숫자, 이른바 인도 아라비아 숫자는 어디에서 나온 것일까? 나는 숫자의 근원을 찾는 탐구를 시작해서 인도, 태국, 라오스, 베트남, 최종적으로는 잃어버린 7세기의 비문이 있는 캄보디아의 정글을 비롯해 지도에도 실려 있지 않은 땅들을 답사했다. 그 여정에서 나는 진리를 탐구하는 학자들, 모험을 찾아 정글을 헤매는 여행자들, 놀랍도록 솔직한 정치인들, 파렴치한 밀수범들, 그리고 고고학 절도범으로 의심되는 사람들 등 흥미로운 이들을 여럿 만났다.

1

1950년대 후반에 나는 이스라엘의 하이파에 있는 히브리 레알리 스쿨이라는 사립학교에 입학했다. 학교에 들어가니 질문을 받을 때가 많았다. 젊고 예뻤던 담임인 '니라'는 긴 갈색 원피스를 주로 입었는데, 어느 날 여섯 살 먹은 우리에게 학교에서 무엇을 가장 배우고 싶은지 물었다. 한 아이는 "돈을 버는 법"이라 말했다. "나무와 동물이 어떻게 자라나는지"를 배우고 싶다는 아이도 있었다. 내 차례가 되었을 때 "숫자가 어디에서 온 것인지" 배우고 싶다고 말했다. 니라 선생님은 놀란 듯 잠깐 멈칫하더니 이윽고 아무 말 없이 내 옆에 있던 여자아이에게로 돌아섰다. 나는 선생님이 대답할 수 있을 정도의 질문을 생각해 낼 만큼 눈치 빠른 아이는 아니었다. 그보단 조금 특이한 쪽에 가까웠다.

아버지는 'SS 테오도어 헤르츨 호'의 선장이었다. 주로 하이파 항을 출발해 신화 속에도 나오는 코르푸 섬과 이비자 섬과 몰타까지 손님들을 실어 나르는 여객선이었다. 간혹 기막히게 멋진 몬테카를

로까지 가기도 했다. 아버지가 선장이기 때문에 가족이 누릴 수 있는 혜택 가운데 하나는 바로 원한다면 언제든 그 배에 탈 수 있다는 것이었다. 우리 가족은 이 특권 쓰기를 아주 좋아했기 때문에 나는 학교에 빠지는 일이 꽤 잦았다. 결국 빠진 수업은 이후 가정교사와 자율학습을 하고, 학교로 돌아가서는 그동안 보지 못한 시험을 치르는 것으로 대신했다.

아버지의 배는 바위 위에 자리 잡은 웅장한 궁전이 매혹적인 모나코 공국에 도착해 닻을 내린 다음, 고속 모터보터를 이용해서 승객과 선원 들을 날랐다. 특히 밤에는 몬테카를로에 있는 카지노로 향하는 사람들이 많았다. 이곳은 전 세계 상류층 도박의 수도 같은 곳이다. 하지만 나 같은 미성년자는 왕자나 영화배우와 같은 유명 인사들이 행운의 여신에게 끊임없이 은총을 구하는 카지노에 들어갈 수 없었다. 그래서 부모님을 비롯해 배에서 내린 어른들이 룰렛 게임을 하는 동안, 나는 야자나무와 부겐빌레아 꽃, 협죽도에 둘러싸인 바로크 양식의 하얀 대리석 궁전 밖에서 배의 사환들과 놀았다. 동생인 일라나와 나는 정원에 난 길을 따라 뛰어다니고 향긋한 덤불 사이에서 숨바꼭질을 하곤 했다.

일라나와 나는 절대 들어갈 수 없을 것 같던 이 인상적인 건물 안을 자주 상상했다. 사람들이 춤을 추고 있을까? 배에서 그랬듯이 화려한 음식을 먹고 있을까? 우리는 어른들이 안에서 알 수 없는 게임을 한다는 것 정도는 알고 있었다. 배로 돌아간 어른들이 늘 게임에 관한 이야기를 떠들어 댔으니까. 하지만 어떤 게임일까? 궁금함이 하늘을 찔렀다.

그러던 어느 날, 아버지의 심부름을 해 주는 헝가리 사람인 라씨가 카지노 바깥에서 우리를 돌볼 차례가 되었다. 내가 좋아하던 선원인 라씨는 세 살 난 여자아이와 다섯 살 난 남자아이를 카지노 안으로 데려갈 계획을 꾸몄다. 다른 선원들은 따분한 편이었다. 우리를 돌보는 일이 그들의 업무는 아니었으니 그럴 만했다. 그들은 대체로 정중했지만 형식적으로 우리를 대했다. 하지만 라씨는 달랐다. 그가 우리를 돌볼 때면 늘 재미난 일들이 벌어졌고, 그때마다 우리가 지키자고 약속했던 규칙도 깨지기 마련이었다.

"애 엄마를 당장 찾아야 해요. 응급 상황이거든요!"

라씨는 단호한 표정으로 문을 지키던 덩치 큰 사람에게 빠르게 말을 하더니 대답을 듣지도 않은 채 우리를 카지노 안으로 이끌었다. 나는 그 자리에서 쫓겨날까 걱정이 되어 심장이 벌렁거렸다. 카지노 입장은 아이들에게는 금지되어 있다는 것쯤은 알고 있었으니까.

그런데 놀랍게도 아무 일도 일어나지 않았다. 아무도 우리를 쫓아내지 않았던 것이다. 카지노 안은 번쩍번쩍 눈이 부셨다. 바닥에는 화려한 양탄자가 깔려 있고, 테이블은 녹색 펠트 천으로 덮여 있었다. 그리고 테이블마다 빨강색과 검정색으로 숫자가 매겨진 점검판이 있었다 녹색으로 숫자가 표시된 아주 특별해 보이는 둥근 원도 하나 있었다. 담배 연기로 자욱해 기침을 참느라 혼을 빼야만 했다.

나는 부모님이 앉아 있는 모습을 보고는 들떴다. 하지만 부모님을 방해해서는 안 된다는 것을 알았기에 아무 말도 하지 않고 가만히 있었다. 카지노 안으로 들어온 일이 꿈만 같아서 금방이라도 끝날까 겁이 났다.

딜러의 건너편 테이블에 아버지가 앉아 있었다. 아버지는 영국이 전쟁을 치를 당시의 장식을 주렁주렁 단 검은색 선장 제복을 입었고, 옆자리에는 푸른색 이브닝드레스를 입어 눈부시게 아름다운 어머니가 앉아 있었다. 부모님 옆으로는 하원의원이 있었고, 반대쪽에는 유명 가수 달리다가 있었다. 두 VIP는 이번 항해에 함께한 사람들이기도 했다. 다른 승객들은 테이블 주위에 앉아 있었는데, 다들 기대에 찬 표정으로 한가운데에 있는 검은색 사발을 뚫어져라 쳐다보고 있었다. 사발 바닥에는 빙빙 돌아가는 바퀴가 있었다.

라씨가 우리를 데리고 조금씩 앞으로 나아간 덕분에 마침내 부모님 바로 뒤에 설 수 있었다. 정말이지 흥미진진했다. 스물한 살이 되기 전에는 들어올 수 없는 매혹적인 공간의 한가운데까지 들어와 있다니. 라씨는 나와 동생을 양쪽 팔에 하나씩 받치고 앉혔다. 테이블을 내려다보기 좋은 위치여서 무슨 일이 벌어지는지 똑똑히 보였다.

공이 사발에서 빙글빙글 돌아가는 동안 이상한 침묵이 흘렀다. 공이 바퀴 바닥의 숫자들을 나누는 금속제 홈을 건드리는 소리나 사발 안쪽의 숫자 위 다이아몬드 모양의 금속 장식에 부딪힌 다음 튕

이탈리아계 프랑스인 가수인 달리다와 함께한 우리 아버지 E. L. 악젤 선장.
1957년 모나코 앞바다의 배 위에서.

겨져 나오는 소리가 고스란히 들렸다. 긴장과 기대감이 동시에 느껴졌다. 갑자기 아버지가 뒤를 돌아보다가 우리가 있는 것을 알아차렸다. 아버지는 다 안다는 듯한 웃음을 지어 보이더니 다시 테이블로 주의를 돌렸다. 라씨가 나에게 조곤조곤 설명해 주었다.

"잘 봐. 테이블에 있는 숫자가 보이지? 바퀴에도 숫자가 있고. 이제 어떻게 되는지 지켜보렴."

나는 그의 팔 위에 앉아 고개를 길게 뺐다. 하나도 놓치고 싶지 않았다. 아직 작은 공이 사발 안에서 이리저리 튕기고 있었지만 속도는 점점 느려져서 곧 멈출 터였다. 하지만 어디에서 멈출까? 어떤 숫자에 내려앉을까? 라씨는 숫자마다 금속으로 된 칸막이가 있어서 공이 한 숫자에만 갈 수 있다고 했다. 공이 더 느려지는 것을 보며 나는 공이 결국 어디로 갈지 열심히 궁리했다. 이제 바닥에 나뉘어져 표시된 숫자들도 알아볼 수 있었다.

나는 다채로운 색깔의 숫자에 매료당했다. 그것은 신비스럽게 손짓하는 화려한 사인이었다. 자라면서 나는 그 숫자들이 우리가 사는 세상을 지배하는 본질적이고 추상적인 개념을 나타낸다는 것을 알게 되었다. 벨벳을 씌운 판 위에 표시된 숫자의 모양을 나는 결코 잊지 못할 것이다. 마치 마법 같았으니까. 그것들은 마음속에서 금지된 것, 발견되기를 기다리는 매혹적인 즐거움과 연결되었다. 마침내 공이 마지막으로 튀어 오르더니 숫자 7 바로 앞에서 멈췄다. 갑자기 테이블 주변이 떠들썩해졌다. 우리 맞은편의 노란색 이브닝드레스를 입은 나이 지긋한 여자가 의자에서 벌떡 일어나 소리를 질렀다.

"좋았어!"

다들 그녀 쪽으로 고개를 돌렸다. 그녀의 승리를 직감한 몇몇 참가자들은 축하 인사를 보냈으나, 잃은 돈 때문에 샘이 난 사람들은 속상한 마음을 감추지 못했다.

딜러는 다양한 색깔을 가진 작고 둥근 칩과 윗면에 큰 숫자가 보이는 큰 사각형 칩들이 든 큰 무더기를 그녀에게 넘겨 주었다. 나는 이 플라스틱 조각들이 색깔과 모양에 따라 다른 액수의 돈을 의미한다는 것을 알았다. 어린 나이여서 돈에 대해 잘은 몰랐지만, 테이블 위에 그득한 칩의 숫자와 테이블 둘레 사람들의 흥분이 잦아들지 않는 것으로 보아 그녀가 꽤 큰돈을 땄음을 알 수 있었다.

라씨는 그녀가 단 한 개의 숫자에만 돈을 걸었고 그 숫자가 걸렸기 때문에 걸었던 금액보다 여러 배 많은 돈을 딜러가 주는 거라고 설명했다. 나는 그녀의 득의만만한 얼굴과 행복한 미소에 주목했다. 그녀가 황홀하게 탄성을 지르는 것이 들렸다.

"내가 이겼어! 내가 이겼다고!"

그러자 라씨가 혼잣말처럼 중얼거렸다.

"7이니까 소수네."

나는 그게 무슨 말인지 몰랐다. 라씨는 언제나 중요한 말을 했고, 나는 라씨가 방금 전에 속삭인 혼잣말에도 어떤 의미가 담겨 있음을 알아챘다.

나중에 라씨는 배 안에서 나에게 수학을 가르치는 가정교사를 하겠다고 자처했다. 그때 소수에 대해서도 가르쳐 주었다. 이후 소수는 나를 평생 사로잡았다.

라씨가 나에게 수학을 가르치는 것을 한동안 지켜보던 어머니가 아버지에게 물었다. 라씨가 왜 그렇게 수학을 잘하냐고 말이다. 아버지가 말하기를 라씨는 전쟁 직후 모스크바 국립대학에서 수학을 전공한 전도유망한 대학원생이었다고 한다. 그런데 비밀 정보와 관련된 그의 연구 때문에 간첩 행위를 저질렀다는 의심을 받았다고 한다. KGB의 압력 때문에 대학 측에서는 그에게 자퇴를 하라고 종용했다. 그리고 사건의 자세한 내막은 그대로 안개 속에 묻혀 버렸다. 라씨는 그에 대해 한 번도 이야기를 꺼내지 않아, 누구도 제대로 된 내용을 알지는 못한다고 했다.

하지만 그 뒤에 이 일이 신문을 통해 알려진 것을 보면 라씨가 당시 소련에 대한 복수를 톡톡히 한 모양이었다. 대학원 공부를 그만둔 라씨는 군용 항공기 모는 법을 배우기 위해 체코슬로바키아로 떠났다. 그러다 1948년에 막 세워진 유대인 국가인 이스라엘이 둘레의 아랍 국가들로부터 공격을 받았다. 유대인도 아닌 라씨는 이스라엘에 항공기가 필요하다는 소식을 듣고는 훈련받던 체코 비행기의 조종석에 몰래 숨어들어 이스라엘까지 날아갔다. 그리고 그 비행기를 이스라엘 공군에게 선물로 넘겼다.

그 뒤 라씨는 아무런 관계가 없던 이 나라의 선박 회사에서 일을 시작했고, 마침내 우리 아버지의 심부름을 해 주는 사람이 되었다. 아버지와 라씨는 둘 다 헝가리계이기 때문에 공통점이 많았고, 세계관이 비슷하면서, 생활양식으로 인한 유대감이 있었다. 테오도어 헤르츨 또한 이스라엘 건국의 기초가 된 정치 이론을 만든 헝가리인의 이름을 딴 것이다. 아버지와 라씨는 친했고, 라씨 또한 선장의 심부름을 하는 역할을 중요하게 생각했기 때문에 아버지에게서 멀리 떨어지는 법이 거의 없었다. 그는 권력의 가장 가까이 있는 승무원이었고, 많은 사람들이 영향력을 가진 그와 친구가 되길 원했다. 그가 새로이 누리게 된 삶은 수학과는 거리가 있었지만 라씨는 결코 수학에 대한 사랑을 포기하지 않았고, 몇 년 동안 나에게 많은 것을 가르쳐 주기도 했다.

"그럼 숫자들은 어디서 나온 거예요?"

카지노에서 뜻하지 않은 모험을 했던 날 밤, 배로 돌아와 나와 내 여동생의 잠자리를 보살펴 주던 라씨에게 물었다.

"그건 수수께끼란다. 아무도 정확하게는 모르니까."

그가 대답했다.

일라나와 나는 카지노에 들어갔다는 사실 때문에 흥분해 있었고, 라씨는 그런 우리를 달래기 위해 머리맡에서 숫자에 대한 이야기를 들려주었다.

"우리는 이런 숫자를 아라비아 숫자라고 부른단다. 네가 카지노에서 본 숫자의 이름이 바로 그거야. 때로는 힌두 숫자라고도 하고 힌두 아라비아 숫자라고 할 때도 있지. 언젠가 네 아버지와 나와 몇몇 선원들이 아랍의 항구 도시에 붙들렸던 적이 있었어. 그때 나는 오늘날 아랍에서 쓰는 숫자들을 배우며 시간을 보냈단다."

그러더니 라씨는 서랍을 열어 편지지 한 장을 꺼내 아랍의 숫자 열 개를 모두 큼지막하게 그렸다.

"봐. 오늘 밤 카지노 테이블에서 본 숫자랑은 하나도 안 닮았지?"

놀라웠다. 그런 기호는 한 번도 본 적이 없었다. 1처럼 보이던 숫자 하나만 비슷했고, 나머지는 완전히 달랐다. 5는 비뚤비뚤한 동그라미 같았고, 0은 점처럼 보였다. 나는 그려진 숫자들을 따라 써 보려고 했지만 잘 되지 않았다.

그러자 라씨는 자기가 가져왔던 카드 한 벌을 꺼내 테이블 위에 올려놓았다. 나는 숫자를 모두 읽으려 애썼고, 동생은 카드를 뒤집으면서 검은색과 붉은색으로 그려진 왕과 여왕과 잭을 찾으며 놀았다. 그러다 뒷면이 모두 똑같다는 것을 알아차렸다. 우리 남매는 그렇게 카드를 가지고 놀다가 잠이 들었다.

다음 날 밤에도 라씨가 우리를 재워 주며 말했다.

"오늘은 숫자 이야기를 좀 더 해 볼까? 그 숫자가 아라비아 숫자랑은 별로 닮지 않았던 것을 기억하니? 근데 그 숫자는 힌두 숫자와도 닮지 않았단다."

그러더니 라씨는 새 편지지에 오늘날 인도에서 일부 사람들이 사용하는 힌두 숫자를 그리고는 네팔과 태국과 다른 아시아 국가에서도 비슷한 기호를 쓴다고 알려 주었다.

"이 숫자도 우리 배가 몇 년 전에 뭄바이 항구에 정박했을 때 배웠지."

나는 이 신기한 숫자를 보면서 따라 해 보려고 했고, 동생은 뭔가 이상한 그림을 그렸다. 다음 날 밤 나는 숫자의 기원에 대해 라씨에게 질문을 퍼부었다.

"이 숫자들은 진짜 어디서 나온 거예요? 왜 우리는 아랍의 숫자를 쓰지 않아요? 왜 민족마다 고유의 숫자가 있는 거예요? 그리고 누가 그걸 전부 발명했어요?"

빨리 궁금함을 풀고 싶었다. 그런데 그런 조바심에 비해 라씨의 대답은 싱겁기 그지없었다.

"다음 달이면 개학하잖아. 그때 선생님께 가서 여쭤 보렴!"

나에게는 너무 괴로운 대답이었다. 그때가 8월 말이었다. 슬프게도 학교에 가려면 적어도 몇 달은 엄마와 여동생과 함께 배를 떠나 있어야 했다. 배를 떠나 있으면 매일 밤 라씨와 나누었던 수학에 관한 활발한 대화가 그리울 것은 말할 것도 없고 말이다.

학교에 가면 지루할 때가 많았다. 나는 배에서 체험했던, 아직 어린아이의 눈이긴 하지만 세상이 어떻게 돌아가는지 직접 몸으로 부딪히며 알아가는 일을 참 좋아했다. 부모님과 선원들, 특히 헌신적이면서도 자상하게 잘 가르쳐 주는 라씨에게 배우는 것이 좋았다. 학습이 아닌 삶에 대해 배우는 시간이었다. 하지만 학교에서 배우는 건 현실과도 동떨어져 있고, 흥미도 생기지 않는 공식 같았다. 학교에 가면 그저 습관대로 움직였다. 최소한 해야 할 것만 하며 배로 돌아갈 날짜만 헤아렸다. 배 위의 친구이자 멘토인 라씨에게 돌아가고 싶어 조바심이 났다. 나는 어렸고, 라씨가 나에게 준 것보다 훨씬 더 많은 것을 받아들인 때였다.

나는 카지노의 테이블 위에서 본 화려한 숫자의 기원을 찾는 데 몰두하였다. 오늘날 사람들이 어디에서나 쓰는 숫자들이 원래 어디에서부터 온 것인지 궁금했다. 여행하는 동안에는 라씨가 나에게 더 많은 이야기를 해 주기를, 그리고 숫자에 대해 새로운 것을 보여 주기를 고대했다. 그때 나는 수와 숫자라는 관련된 두 개념이 있다는 것을 아주 조금씩 이해하기 시작했다. 수는 추상적인 개념이었다. 알아야 할 것이 너무 많다고 느꼈다. 수라는 개념의 깊은 영역은 내가 완전히 이해할 수 있는 범위 너머에 있었다. 그렇지만 나는 사람들이 사용하는 수를 나타내는 기호인 숫자 열 개가 어떻게 만들어졌는지 알고 싶었다.

그 배에서 겪었던 두 번째로 재밌던 일이 있다.

평상시 놀 것 많은 섬이나 호화로운 카지노에 들르는 유람선 코스 대신, 선박 회사는 아버지의 배를 역사 교육 여행에 파견했다. 요즘처럼 '문화 관광'이 일반화되기 전이니 참신한 시도였다. 배는 먼저 아테네의 항구인 피레우스에 입항했다. 승객들은 전문 가이드를 따라 아크로폴리스를 관광한 뒤에 그리스 민주주의와 건축, 조각, 그리고 수학의 탄생에 대한 강의를 들었다.

아버지는 풍족한 생활을 아주 좋아했고, 선장으로서 그런 삶을 누렸다. 항구에 도착할 때마다 그곳에 있는 선박 대리점 담당자가 아버지를 초대했다. 그러고는 그 도시에서 가장 비싸거나 특이한 레스토랑에 가 저녁을 대접했다.

피레우스의 대리점 담당자는 쾌활한 배불뚝이 그리스인인 파파이오아니스라는 사람이었다. 그는 바다가 보이는 '포세이돈'이라는 레스토랑으로 우리를 모두 초대해 저녁을 대접했다. 그날의 외출을 생각하면 지금도 장작불 위에서 구워지던 신선한 새우 냄새와 내 얼굴을 스쳐갔던 부드러운 바닷바람이 느껴진다. 눈을 감으면 멀리서 천천히 항해하는 고기잡이배의 불빛이 보이고 파도가 모래에 부서지는 소리가 들린다. 아주 멋진 저녁이었고, 나는 그 저녁이 끝나지 않기를 바랐다. 그리스와 그리스 식 즐거움을 처음으로 접한 날이었다. 훌륭한 식사가 끝난 다음 우리는 다 함께 바닷가를 따라 오래도록 산책했고, 마침내 정박한 우리 배로 돌아왔다.

다음 날 아침 라씨가 나를 흔들어 깨우며 말했다.

"동생이랑 엄마가 오늘 쇼핑 간다고 했지? 우리는 그때 고대 그리스 숫자를 보러 가자!"

"우왓, 좋아요!"

나는 대답과 동시 침대에서 펄쩍 뛰어나와 옷을 갈아입었다. 신나는 하루가 될 것 같았다. 나는 아버지가 쓰는 큰 선실로 가서 라씨를 기다렸다. 라씨는 미리 내 아침밥까지 준비해 두었다. 핫 초콜릿과 김이 모락모락 나는 크루아상을 맛있게 먹었다.

아버지는 함교 위에 있었는데 내가 아침밥을 먹어치우는 동안 내려와 선실로 들어왔다. 어머니와 여동생은 여전히 자고 있었다. 아버지가 말했다.

"일찍 일어났구나."

"네, 라씨가 아테네로 데려가서 고대 그리스 숫자를 보여 줄 거래요!"

나는 신이 나서 대답했고, 아버지는 고개를 끄덕였다. 내가 라씨와 고대 그리스 숫자를 보러 가기 위해 가족과의 시간을 포기했다는 것을 아버지가 알고 있었는지는 잘 모르겠다.

라씨와 나는 부두로 내려가 기다리고 있던 택시를 탔다. 극심한 교통 체증을 뚫고 피레우스와 아테네 사이에 있는 산을 올랐다. 공해가 심했다. 아테네 지역의 공기는 로스앤젤레스 형 스모그와 비슷했다. 나쁜 공기 때문에 자주 기침이 나왔다. 약 한 시간 뒤에 택시는 우리를 아크로폴리스 광장인 플라카에 내려주었다. 가게와 카페 들이 가득했다. 우리는 아크로폴리스 언덕의 가파른 길을 올라 기원전 5세기에 그리스 여신 아테나에게 바쳐진 사원인 파르테논에 이르렀다.

일단 하얀 돌로 된 길을 천천히 걸어 올라갔다. 공기는 맑았다. 크로커스가 꽃을 피웠고, 소나무에서는 상쾌한 향기가 났다. 맨 꼭대기까지 가서 입장료를 내고 고대 아크로폴리스의 유적 안으로 들어갔다. 잠시 뒤 유명한 파르테논으로 향하는 돌계단을 천천히 올랐다. 가끔 걸음을 멈춰 숨을 고르고 아래로 내려다보이는 사원의 모습에 경탄했다. 그런 나를 보고 라씨가 물었다.

"아름답지 않니?"

"네. 특히 기둥이 아주 예뻐요."

"그건 대리석으로 만든 거란다. 그런데 왜 그렇게 아름답게 보이는지 아니?"

그의 질문에 나는 모르겠다고 대답했다.

"비율 때문이란다. 파르테논은 황금비라는 고대 그리스의 비율을 따르고 있거든. 길이와 높이의 비율이 약 1.618이야. 우리가 아름답다고 여기는 많은 것들이 이 비율로 이루어져 있지. 자연에서도 마찬가지고."

라씨의 설명에 나는 푹 빠졌다. 그는 황금비가 피보나치수열이라고 부르는 연속적인 숫자에서 나왔다고 설명했다. 1, 1, 2, 3, 5, 8, 13, 21, 34 등등 각 숫자가 앞에 있는 두 숫자의 합이 되게 구하는 방법을 설명해 주었다. 한 숫자를 앞에 있는 숫자로 나눈다면 황금비인 1.618에 가까운 숫자가 나온다. 예를 들어 피보나치수열은 55에서 89로 이어진다. 89를 55로 나눈 비율은 1.61818…이다. 나는 이 아이디어에 마음을 빼앗겼다.

파르테논으로 들어가자 몇몇 조각상이 보였다. 고대의 붉은색과 금색 페인트 흔적이 여전히 얼굴에 남은 아름다웠을 법한 아테나 여신이었다. 라씨는 몸을 수그려 한 조각상의 받침대를 가리키면서 대리석에 새겨진 문자를 보여 주며 말했다.

"이게 내가 너에게 보여 주려고 했던 거야."

나는 알아볼 수 없는 문자였다. 그리스 어였다.

"그리스 문자는 글을 쓸 때도 썼고, 숫자에도 쓰였단다."

라씨가 말했다. 가리키고 있는 문자가 그리스 어 중 델타이고, 델타는 숫자 4를 뜻한다고 했다.

"그러니까 이 조각상이 한때 여기 있던 여러 조각상들 중 네 번째였다는 것을 뜻해."

고대 그리스 문명이 남긴 기념물에 감탄하면서 한 시간쯤 보낸 뒤 신전을 떠나 천천히 내려갔다. 잠시 걸음을 멈추고 기둥으로 받쳐진 한때 신전의 일부였던 대리석 평판 위에 앉았다. 여기서 파르테논 신전의 경관을 즐길 수 있었다. 잠시 뒤 라씨는 공책을 꺼내 그리스인들이 문자를 숫자로 쓴 방법과 0이 없이 문자만을 사용한 그들의 산술이 어떻게 운용되었는지 그려서 보여 주었다.

기원전 5세기 무렵 고대 그리스가 절정에 달했던 시대에 그리스어 알파벳에는 고대 이후 쓰지 않던 문자가 포함되어 있었다. 6을 뜻하는 디감마(F), 90을 뜻하는 코파(ϙ), 900을 뜻하는 삼피(ϡ)가 그것이었다. 기원전 5세기 무렵의 그리스인들은 숫자를 나타내기 위해 글을 쓸 때 쓰지 않는 문자를 부활시켜서 알파벳에 넣은 것이다.

라씨는 이렇게 문자를 숫자로 사용하는 관습이 페니키아에서 비롯되었다고 했다. 히브리어 알파벳 역시 거기서 비롯되었다. 일부 정통파 유대교도들은 지금까지도 1에서 12에 해당하는 히브리 문자가 표시된 시계를 가지고 있다고도 했다.

다음으로 우리는 세계에서 가장 중요한 고고학 박물관 중 하나인 아테네 박물관에 갔다. 아름다운 신들의 조각상 사이에서 숫자가 문자로 표시된 비석을 여러 개 보았다.

배로 돌아오는 길에 라씨는 기사에게 피레우스의 한 골목길에 세워 달라고 했다. 잠시 나를 택시 안에서 기다리라고 하더니 어떤 가

Α	Β	Γ	Δ	Ε	F	Ζ	Η	Θ	Ι	Κ	Λ
1	2	3	4	5	6	7	8	9	10	20	30

Μ	Ν	Ξ	Ο	Π	ϙ	Ρ	Σ	Τ	Υ	Φ
40	50	60	70	80	90	100	200	300	400	500

Χ	Ψ	Ω	ϡ
600	700	800	900

숫자로 사용된 그리스 문자(디감마, 코파, 삼피 등 현재 쓰지 않는 문자 포함).

게에 들어갔다. 돌아온 그의 손에는 작은 상자가 있었다. 그가 나에게 말했다.

"이건 작은 트랜지스터라디오라는 거다."

1960년대 초반 당시 사람들이 미친 듯이 열광하던 인기 제품이었다. 지금은 휴대폰을 사용하며 걷는 사람을 보는 것만큼 당시엔 트랜지스터라디오를 들으며 걸어가는 사람을 자주 볼 수 있었다.

"실은 어떤 사람에게 줄 선물이야."

그의 말에 나는 더 이상 그것에 관심을 두지 않았다.

그날 저녁 피레우스 항을 떠난 테오도르 헤르츨 호는 나폴리로 향했고, 승객들은 가까이에 있는 폼페이를 찾아가 하루를 보냈다. 다음 기항지는 로마의 항구인 치비타베키아였다. 고대 로마에서는 오스티아를 항구로 사용했다. 손님들은 로마 제국 역사에 대해 깊이 있게 공부하며 도시를 관광했다. 숫자의 역사에 관심을 가진 소년에게도 기억에 남을 만한 여행이었다.

폼페이에 내린 라씨와 나는 이 오래된 도시의 번지수에 사용된 로마 숫자의 자취를 좇았다. 폼페이 유적은 서기 79년 베수비오 화산의 대재앙과도 같은 폭발 이후 거의 2천 년 동안 화산재에 덮여 있었다. 그런 이유 때문에 놀라울 정도로 잘 보존되어 있었다. 라씨와 나는 박물관에서 문자로 기록한 숫자를 더 많이 볼 수 있었다. 그것을 읽으며 기본적인 산술까지 시도해 보니 더 흥미로웠다.

로마는 이제 막 싹을 틔우는 숫자 나무인 나에게는 축제장과도 같았다. 도처에 로마 숫자가 널려 있었다. 가장 흥미로운 것은 로마인들이 자처럼 쭉 뻗은 길을 따라 배치해 놓은 거리 이정표였다. 나는 박물관과 가장 유명한 로마의 도로인 아피아 구가도에서 자주 만나는 이 고대 표지판을 통해 거리를 읽고 이해하는 것에 서서히 익숙해졌다.

라씨는 로마인들이 어떻게 숫자 체계를 생각해 냈는지 설명해 주었다. 가장 먼저 나를 위해 로마 숫자를 모두 그렸다.

I은 1, V는 5, X는 10, L은 50, C는 100, D는 500, M은 1,000이었다. 이 방법으로 숫자가 점점 더 커질 경우도 설명했다. 만약 로마인들이 XVIII에 LXXXII를 곱하려고 했다면? 최종적으로 MCDLXXVI라는 답을 얻었을 것이다. 오늘날 우리는 그저 18×82=1,476이라고 빠르고 효율적으로 계산을 할 수 있다. 라씨는 내게 그리스 로마 방식으로 계산을 해 보라며 문제를 냈다. 그리고 곱셈표도 만들게 했다. 그것은 너무 거대하고 복잡한 나머지 완성하는

데 일주일이나 걸렸다.

라씨의 말에 따르면 놀랍게도 서구에서는 이 비효율적인 숫자 체계가 13세기까지 널리 쓰이다가 현재 우리가 아는 숫자로 대체되었다고 했다.[1]

나는 숫자에 대해서만큼은 학교보다 이 수학을 사랑하는 사람에게서 훨씬 더 많은 것을 배웠다. 그것이 늘 고마웠다. 하지만 우리가 지금 쓰는 숫자 열 개의 기원에 대한 수수께끼가 뇌리에서 맴돌았다. 나는 학교를 통해 성장하면서도, 라씨와 함께 아버지의 배를 타고 숫자를 찾는 모험을 하면서 숫자라는 추상적이고도 신비스러운 개념을 이해하기 시작했다. 예를 들어 나는 3이 – 온 우주에서 셋인 모든 것에 해당하는 – "셋인 상태"라는 생각을 나타낸다는 것을 깨달았다. 셋인 상태라는 특징을 가진 것은 전부 3이라는 유일무이한 기호로 묘사할 수 있었다. 5는 숫자가 다섯인 모든 것에 해당하는 "다섯인 상태"라는 특징을 나타냈다. 이 흥미로운 발견 때문에 나는 숫자가 어디서 온 것인지 더욱 알고 싶어졌다. 숫자는 내가 어린아이였을 때 상상했던 것보다 훨씬 깊이 있고 매혹적인 어떤 것을 상징했다. 나는 숫자의 기원에 대한 답을 찾는 여행에 내 삶을 바치고 싶었다. 이 경이로운 숫자 열 개를 누가 발명했을까? 나는 늘 나에게 이 질문과 또 다른 질문을 던졌다. "셋인 상태" 또는 "일곱인 상태" 또는 "삼백오인 상태"의 개념을 열 개의 기호를 특정한 방식으로 조합해서 만들 수 있다는 놀라운 생각을 도대체 누가 해냈을까?

2

고등학교를 졸업하고 군복무를 마친 나는 1972년에 UC 버클리 수학과 학부생으로 입학 허가를 받았다. 나는 다시 한 번 아버지의 배를 타고 항해에 나섰다. 그 무렵 선박 회사가 부실한 경영을 이유로 여객선을 모두 매각한 상태라 아버지는 지중해와 아메리카 대륙을 오가는 작고 느리고 오래된 화물선인 야포 호의 선장으로 일했다. 그래서 나는 7월 하순에 하이파에서 아버지의 배에 승선해 최종적으로 나를 버클리까지 데려다줄 긴 여정에 나섰다.

화물선과 유람선은 트럭과 리무진만큼 차이가 났다. 화물선은 작업 중인 트럭처럼 먼지투성이였지만 선실은 널찍한 편이었다. 승객이 없으니 많은 사람을 한정된 공간에 밀어 넣을 필요가 없었던 것이다. 그러니 승무원은 더 편했다. 하지만 소일거리가 없다는 단점도 있었다. 선상에서 벌어지는 칵테일 파티나 무도회도 없고, 흥미로운 사교 모임도 없었다. 그러니 화물선 항해는 외로울 수 있었다. 라씨는 여전히 아버지의 일을 돕고 있었다. 우리는 여행 중에 자주 수학에 대해 이야기를 나누었다.

어른이 된 나는 아주 어렸을 때부터 계속 관심이 갔던 수수께끼가 사실은 하나가 아닌 두 개라는 것을 알았다. 하나는 '숫자가 처음 어디에서 비롯되었는가?' 하는 것이었다. 세계의 어느 곳에서, 그리고 언제 처음으로 사람들이 숫자 아홉 개와 제로를 발명해서 마침내 우리 세상을 지배하는 숫자로 진화하게 되었을까? 두 번째 질문은 이제 내 수준이 높아지면서 가지게 된 더 깊고도 어려운 숙제였다. 바로 그것은 '인간은 어떻게 숫자의 개념을 끌어냈을까? 숫자라는 것을 어떻게 발명했으며 그것이 어떻게 발전했기에 오늘날 숫자가 지배하는 사회가 되었을까?'였다.

배가 천천히 대서양을 가로지르는 동안 라씨와 나는 두 번째 문제에 관해 함께 토론하면서 많은 시간을 보냈다. 확실히 내가 아이였을 때 나누던 이야기보다 훨씬 더 깊은 토론이었다. 수학이 가장 중요한 연구 분야 가운데 하나였던 러시아 최고 대학의 박사 과정에서 수학을 공부하던 라씨. 그는 자신이 가진 지식을 고스란히 우리의 토론에 쏟아부었다.

갑판 의자에 라씨와 나란히 앉아 내가 막 이해하기 시작했던 수학적 개념을 함께 논의하고 숫자, 수, 소수, 신기한 피보나치수열처럼 어렸을 때 그가 가르쳐 준 수학적 사고 위에 다시 차곡차곡 생각을 쌓아 나가는 것은 또 하나의 즐거움이었다.

마침내 대서양을 건넌 우리는 노바스코샤의 핼리팩스에 며칠 머문 뒤에 뉴욕, 사우스캐롤라이나의 찰스턴을 거쳐 결국 마이애미에 도착했다. 나는 마이애미에서 내렸고 배는 카리브 해와 남미로 항해를 계속했다. 공부를 시작하기 위해 샌프란시스코 행 비행기를 타야 했는데, 배를 떠나기 전 라씨는 마지막으로 한 가지 이야기를 했다.

"네가 어렸을 때 숫자가 어디에서 온 건지 이야기를 나눴던 거 기억하니? 어쩌면 네가 찾아낼 수 있을 거야. 언젠가 과학 잡지에서 한 프랑스 고고학자가 수십 년 전에 아시아에서 숫자에 관한 발견을 했다는 기사를 읽은 적이 있단다. 제로에 관계된 중요한 발견이었는데 자세한 내용은 기억나지 않는구나."

라씨가 남긴 이 말은 강한 호기심을 불러일으켰지만 나에게는 이 연구를 밀고 나갈 기회가 없었다. 버클리에서 내가 들어야 할 수학 강의가 차고 넘쳤다. 어렵기도 했지만 재미있을 때가 많았다. 나는 학점이며 시험이며 수학자가 되기 위한 공부를 걱정하기에도 바빴다. 주로 수학이긴 했지만 인류학, 사회학, 철학도 포함해 여러 강의를 수강하면서 나는 수와 수의 발전에 대해서도 상당히 많은 것을 배웠다.

개념으로서의 수는 우리가 흔히 생각하는 것보다 훨씬 오래되었다. 1960년대에 장 드 하인젤린(Jean de Heinzelin)이라는 벨기에의 탐험가가 현재 우간다와 콩고 국경에 있는 이샹고 지역을 조사하다가 이상하게 보이는 뼈를 발견했다. 막대 그래프처럼 보이는 개코원

이샹고의 뼈. 약 2만 년이 된 개코원숭이의 종아리뼈로 인류가 수를 헤아렸다는
초기 흔적으로 생각되는 표시가 남아 있다. 현재 브뤼셀에 있는
벨기에 왕립 자연사 박물관에 전시되어 있다.

숭이의 종아리뼈였다. 이후 분석 결과 이 흔적은 아주 초기에 수를 헤아리던 증거일 수 있다는 결론이 내려졌다. 동일한 표시가 된 뼈가 세 묶음이 있었던 데다가, 각각의 합계가 60, 48, 60이었다. 흔적은 각기 5, 7, 9, 11 또는 13을 나타내는 그래프가 여러 묶음으로 나뉘어져 있었다. 과학적으로 측정했을 때 이 뼈는 약 2만 년 전, 인간이 수렵 채집 생활을 하던 구석기 시대의 것이었다. 이샹고의 뼈는 아주 오래전 아프리카 사람들이 수를 헤아리던 방식 중 가장 오래된 흔적이라고 할 수 있다.

이샹고의 뼈는 무엇을 말하는가? 선사 시대에 아프리카의 덤불을 돌아다니던 초기 인류는 사냥한 동물의 수를 남기기 위해 죽은 동물의 뼈를 사용했던 것 같다. 엄밀히 말하자면 이것은 수를 헤아리는 것이 아니다. 그렇지만 유사하다. 막대그래프 표시가 더 많이 남은 뼈는 그 뼈의 주인이 더 많은 동물을 사냥했음을 의미한다. 실제 숫자가 얼마가 되는지 정확히 모른다 하더라도 말이다. 물론 이 모든 것은 가설일 뿐이지만 충분히 있을 법한 일이다.

이샹고의 뼈는 확실히 수를 헤아리기 이전을 가장 잘 보여 주는 사례이다. 하지만 유럽의 인간들 역시 수를 헤아리기 이전에 어떤 방법을 사용했다는 증거가 있다. 이샹고 뼈 외에도 막대그래프 같은 흔적이 남은 여러 동물의 뼈가 유럽에서 발견되었는데 역시 구석기 시대의 물건들이다.[2]

숫자를 헤아리는 것과 비슷해 보이는 흔적은 이후 약 6천 년 정도 된 것으로 생각되는 프랑스 브리타니 해안 카르낙에 있는 신석기 시대의 돌인 거석 유적에 있다. 흥미롭게도 이 거석들은 신기하게 무리지어 있는데, 이 가운데 7, 11, 13, 17 등 소수로 된 무리가 흔하게 보인다. 이것은 우연일까? 아니면 수를 헤아리는 방식을 나타내는 것일까? 어쩌면 수에 대해 더 깊은 이해가 있었다는 뜻일까? 아직은 모른다. 카르낙은 수십 년에 걸친 시도에도 불구하고 고고학에서 결코 풀지 못한 수수께끼다. 왜 그렇게 많은 무거운 돌들이 열을 지어 놓여 있는지 아무도 모른다. 어쩌면 거의 같은 시기에 비슷한 돌들이 원 모양으로 놓인 스톤헨지와 관계가 있을지도 모른다.

그러나 이샹고와 카르낙은 우리가 수라고 여기는 것을 바로 보여 주지 않는다. 일상생활에서 수는 사람들이 손가락을 사용해서 양을 간단히 표시하는 것을 시작되었다. 2,500년 전 아리스토텔레스는 이렇게 썼다.

"아니면 그것은 사람이 열 손가락을 가지고 태어났고, 손가락 숫자에 상응하는 자갈을 가지고 있기 때문에 다른 것을 헤아릴 때에도 이 수를 쓰게 된 것일까?"[3] 그리고 우리에게 발가락도 열 개가 있기 때문에 초기 사회에서는 열을 넘는 것을 헤아릴 때 발가락도 썼다. 이렇듯 20을 기반으로 했던 숫자 체계의 흔적은 80을 뜻하는 프랑스 어에 남아 있다. 80은 프랑스 어로 카트르 뱅(quarte-vingt, four twenties)으로, 다시 말해 4×20=80이라는 의미를 담고 있는 것이다.

분명히 우리가 수를 헤아리는 형식은 오래된 자연－우리의 한 손에 다섯 손가락이 있고 한 발에 다섯 발가락이 있는 것－에서 진화했다. 실제로 옛 크메르 족처럼 일부 언어에서 5는 다른 숫자의 기둥이 된다. 4 다음에 5가 오고 그 다음은 5와 1, 5와 2 하는 식으로 다음 기둥이 되는 10까지 나간다. 초기 유럽 숫자인 로마 숫자를 봐도 같은 경향이 보인다. 로마 숫자인 IV, V, VI, VII, VIII 모두 5(V)를 기둥으로 삼고 있으며 8을 넘어야 IX, X, XI, XII, XIII 등 10과 관계를 잴 수 있다. 그러니 5와 10을 실마리가 되는 숫자로 사용하는 것은 전 세계 여러 곳에서 발달해 온 형태다.

고대 인도에서는 숫자 10이 기둥이었다. 인도는 일부 비석문에서 관찰되듯이 아주 초창기인 기원전 6세기부터 십진법이 확고하게 자리잡았다. 열 손가락을 사용하고 그 다음에는 열 명이서 각자 자기의 열 손가락을 들어 열 손가락을 열 번 사용하는 방식으로 10의 위력을 알게 된 다음, 고대 인도인들은 이런 과정이 영원히 계속될 수 있다는 것을 알았다. 열 명이 열 손가락을 열 번 들면 10^3이고 열 명이 열 손가락을 열 번씩 열 번 들면 10^4이다. 이런 식으로 무한히 계속될 수 있었다.

중국의 한나라 시대(기원전 206년에서 기원후 220년)에는 양수에 붉은색을 사용하고 음수에 검은색을 사용한 《구장산술》이라는 수학책이 있었다. 그리고 3세기 이집트에서 디오판토스라는 선두적인 수학자는 몇몇 방정식에서 음수로 된 답을 얻었지만 비현실적이라고 여겨 즉시 무시했다. 이렇게 음수라는 생각은 상당히 오래된 것이지만 사람들은 그런 숫자를 이해하지 못했다. 현재 회계에서 사용되는 복식 부기는 어느 정도는 음수를 사용하지 않으려는 목적으로 13세기 유럽에서 발전되었다. 음수를 정의하려면 제로의 개념이 필요하다.

음수는 어떤 의미에서는 양수를 제로 너머로 반사한 것과 같다. 제로에서 시작해서 오른쪽으로는 1, 2, 3…… 등으로 나가고 왼쪽으로는 -1, -2, -3…… 등으로 이어지는 수직선을 그려 보면 알 수 있다. -1이라는 숫자는 제로인 거울을 통해 +1을 반사한 것과 같다.

제로는 수학에서 여러 중요한 역할을 수행하고 다양하게 응용된다. 물리학, 생물학, 공학, 경제학을 비롯한 여러 분야에서 중요한 방정식 중에는 제로를 기본적인 구성 요소로 쓰는 것들이 있다. (물리학의 맥스웰 방정식이 좋은 예이다.)

고대 바빌로니아에서는 10이 아닌 60을 기반으로 한 복잡하고 번거로운 숫자 체계가 발전했으며 진짜 제로가 없었다. 이 체계에는

수직선

제로가 없었기 때문에 생기는 애매모호한 점은 맥락상으로 해결하는 수밖에 없었다. 생활 속에서 예를 들어 보자. 누군가가 당신에게 어떤 물건의 가격이 695라고 한다면 당신이 사려는 물건이 잡지일 경우 가격을 6.95달러, 비행기 표를 사려고 한다면 695달러라고 이해할 것이다. (영어에서는 6.95달러와 695달러의 발음이 동일하게 식스 나인티 파이브이다. — 옮긴이) 복잡한 숫자 체계 때문에 바빌로니아 사람들은 늘 그렇게 머리를 굴려야 했다. 하지만 재미있게도 고대 바빌로니아 체계의 흔적이 지금도 존재한다. 1분은 60초이고 60분은 1시간이며, 원은 360도(6×60)이다. 하지만 결국 바빌로니아 시스템은 손가락과 발가락으로 계산하는 것과 마찬가지로 오늘날에는 적합하지 않다.

왜 60을 기반으로 했을까? 손가락이 열 개이니 10을 기반으로 하는 것은 어느 정도 납득이 간다. 발가락까지 세자고 주장한다면 20을 기반으로 해도 유용할 것이다. 그렇지만 60은 어떤 이유 때문일까?

저명한 과학사가인 오토 노이게바우어(Otto Neugebauer)는 1927년, 바빌로니아에서 60처럼 큰 숫자를 기반으로 쓴 것이 숫자를 사용할 때 생기는 중요한 문제를 실질적으로 해결하기 위한 것이었다는 의견을 내놓았다. 흔히 분수로 ½, ⅓, ¾, ⅔ 같은 단위가 필요하다. 이를테면 빵 한 덩이의 반, 치즈 한 덩이의 삼분의 일, 고기 파이 한 개의 삼분의 이를 사고 싶은 사람이 있을 것이다. 손가락에서 나온 숫자 10을 사용하는 자연 분류 체계에서 ½, ⅓, ¾, ⅔ 같은 숫자를 어떻게 조정할 것인가? 노이게바우어는 60이라는 숫자가 2, 3, 4, 10으로 나누어지기 때문에 좋은 해결책이며 그런 이유에서 60을 기반으로 한 체계가 만들어졌을 것이라고 말했다. 다른 가설은 바빌로니아 사람들이 다섯 행성인 수성, 금성, 화성, 목성, 토성을 알았기 때문에 우주론적 이유에서 이 숫자와 1년을 이루는 음력 열두 달의 산물을 숫자 체계의 기반으로 삼았다는 것이다.[4]

나는 그리스와 로마를 방문한 적이 있었기 때문에 그리스 로마 숫자에 대해서도 조금은 알고 있었다. 이 체계에도 역시 제로가 없으며 숫자를 순환시켜 같은 기호를 계속 사용해 다른 것을 나타냈다. 바빌로니아와 이집트와 마찬가지로 그리스 로마의 체계 역시 지금은 사라졌다. 그리고 그 체계들은 이제는 공식적인 날짜를 기념하거나 또는 벽걸이 시계나 손목시계의 시간 표시를 멋지게 장식하는 방식으로만 남았다.

13세기에 들어와 아홉 숫자와 둥근 모양의 제로로 구성된 숫자 체계가 유럽에도 출현했다. 이 혁신적인 체계는 인기를 끌었고 수십 년 사이에 지식인 사회의 전 영역을 장악했다. 덕분에 상인, 은행가, 기술자, 그리고 수학자들의 계산은 빨라지면서 실수는 적어져 삶이 더 나아졌다.

지금까지 피보나치수열 덕분에 피보나치라는 이름으로 더 잘 알려진 피사의 레오나르도(1170~1250)가 힌두 아라비아 숫자를 유럽에 가져왔다고 알려져 있다. 그는 1202년에 출판되어 유럽 전역에 배포된 저서《리베르 아바치(Liber Abaci, 산술 교본)》를 통해 힌두 아라비아 숫자를 소개했다. 이 수학 책은 1에서 9까지 인도 숫자 아홉 개와 피보나치가 제로의 의미로 제피룸(zephirum)이라고 불렀던 기호 '0'을 설명했다. 라틴어 제피룸의 어원은 제로를 뜻하는 아라비아어 시프르(sifr)로 거슬러 올라간다. 여기서 아랍의 제로 개념이 유럽으로 이어지는 연결 지점을 발견한 것이다. 저자는 명확하게 말하고 있다. 아홉 숫자가 바로 "인도의 것"이라고 말이다. 그러니까 이 출처로 인해서 우리가 지금 쓰고 있는 숫자의 기원이 인도와 아랍에서 비롯되었음을 알 수 있는 것이다.

중세 후반에 유럽에 도입된 이 숫자 체계는 그때까지 쓰던 로마 숫자보다 월등히 우수했다. 또한 엄청나게 경제적으로 표기할 수 있다는 장점도 있었다. 예를 들어 4의 경우 한 숫자로 그 자체를 전달하는 데 쓸 수도 있고, 제로가 따라올 경우 사십(40)이나 사백사(404)를 쓸 수도 있다. 그리고 이 숫자 뒤에 제로를 세 개 붙이면 사천(4000)으로 쓸 수도 있다. 아랍 또는 힌두 또는 힌두 아라비아 숫자 체계의 능력은 비할 데 없이 강력해서 수를 효율적이고 간단하게 나타낼 수 있게 된 것이다. 덕분에 이전에는 쉽지 않았던 복잡한 산술적 계산을 할 수 있게 되었다.

그러나 아홉 개의 숫자에 제로를 지닌 이 놀라운 숫자 체계의 진짜 근원은 여전히 수수께끼였다. 피보나치가 시사한 것처럼 아홉 숫자는 인도에 기원을 둔 것으로 짐작되지만 이를 학문적으로 명확하게 뒷받침할 수 있는 증거는 없었다. 그리고 제로는 아랍의 것일까, 인도의 것일까? 아니면 다른 곳에서 유래된 것일까? 나는 아직 그 무엇도 알 수 없었다.

3

결국 나는 수학자이자 통계학자로 경력을 쌓았다. 나는 여러 해 동안 알래스카 대학에서 수학을 가르치는 교수로 일했고, 1984년에 데브라와 결혼했다 우리는 불곰이 연어를 잡아먹기 위해 들락거리곤 하는 미송나무 숲으로 둘러싸인 멘덴홀 빙하 바로 아래서 결혼식을 올렸다. 우리는 결혼식을 올리기 몇 달 전에 대학에서 만났다. 내가 데브라를 도와 알래스카 대학이 알래스카의 원주민과 다른 주에서 이주해 온 미국인들 사이에서 학생을 얼마나 잘 모집하고 유지했는지에 관한 통계를 내는 일을 함께했는데, 그때 사랑에 빠졌다.

결혼식을 올린 우리는 몇 년 뒤에 보스턴으로 이사했고, 이후 난 벤트리 대학에서 학생들을 가르쳤다. 데브라는 MIT에서 일자리를 잡았고, 곧 우리의 딸 미리엄이 태어났다. 그사이 나는 수학과 과학의 역사에 관해 대중서를 여러 권 썼다.

2008년에 친구인 안드레스 로머(Andres Roemer) 박사에게서 전화가 왔다. 그는 하버드에서 정치학을 공부하고 버클리에서 박사 학위를 받았으며 멕시코에서 만들어 스페인어 권 전역에서 방영되는 텔레비전 프로그램 진행자이기도 했다. 안드레스는 자신이 주최하는 국제 학회에 와서 확률 이론에 대해 발표해 달라며 나를 초청했다. 데브라와 나는 멕시코시티에 있는 국립 인류학 박물관을 보러 갔다. 뜻밖에 방문한 박물관에서 숫자의 기원에 대한 어린 시절의 호기심에 다시 불이 붙었다.

박물관 중앙 홀 방문객을 마주 보는 벽에 놓인 그야말로 놀라운 아즈텍 태양 달력이 우리를 맞았다. 박물관 벽에 걸린 지름이 3.6미터나 되고, 무게가 24톤이 넘는 둥근 석조 유물 중앙에는 아즈텍 태양신이라고 생각되는 얼굴이 있었다. 그 둘레에 결코 판독이 되지 않은 표시와 도안이 있었다. 어쩌면 고대의 달력이었을 것이다. 이 신기한 고고학적 발견물은 수십 년 전 라씨와 함께 아테네를 방문했을 때 보았던 것을 떠오르게 했다.

그리스의 아크로폴리스 바로 밑 플라카 가장자리에 기원전 2세기로 거슬러 올라가는 고대 그리스의 탑이 있다. 이 탑은 팔각형 모양이었는데 이는 고대로부터 항해자들이 쓰는, 나침반의 방향인 북쪽, 북동쪽, 동쪽, 동남쪽, 남쪽, 남서쪽, 서쪽, 북서쪽에서 불어오는 여덟 바람을 의미했다. 무슨 관계가 있지 않을까? 나는 궁금했다. 아즈텍 태양 달력 역시 바람 탑이 그랬듯이 가장 기본이 되는 여덟 방향을 표시하고 있는 게 아닐까?

데브라와 나는 아즈텍의 이 고대 유물이 보여 주는 완벽한 기하

멕시코 국립 인류학 박물관에 있는 불가사의한 아즈텍 태양 달력.

학적 도안과 무늬에 경탄했다. 그리고 수학에 탁월한 재능을 가진 사람들이 조각했을 이 신비한 돌에 최면이 걸린 듯 30분 정도 멈춰서서 소곤소곤 이야기를 나눴다. 안내판에 따르면 아즈텍 달력은 15세기에 만들어진 것으로 추정되며, 멕시코시티에서 발견되었다.

몇 년 전에 나는 인류학자 친구에게서 실제로 과학적 연구는—흔히 생각하듯이 현장뿐만이 아니라—박물관 안에서 상당한 부분이 이루어진다는 사실을 듣고는 꽤나 놀랐다. 박물관에 전시된 유물은 깨끗이 닦아 전시용으로 준비하는데, 대부분은 발견 시기와 위치 등 관계가 있는 항목들을 맥락에 따라 분류해 전시한다. 덕분에 일반인들이 감상하기에도 편하지만 전문들이 분석하기에도 용이하다.

아즈텍 태양 달력을 보고 위층으로 올라가자 뜻밖에 중앙아메리카의 수학에 관한 동영상 프리젠테이션이 상영되고 있었다. 나는 2,000년 전에 마야인들이—제로를 포함한—숫자 대신 상형 문자를 사용해서 복잡한 달력을 고안해 냈다는 사실에 마음을 빼앗겼다. 마야의 숫자는 기원전 37년까지 거슬러 올라간다. 무엇보다 쓰기가 간단했다는 장점이 있다. 1에서 4까지는 점이었고, 5는 막대기였다. 10은 막대기 두 개였는데 한 개가 다른 한 개 위에 올라간 모양이었다. 제로로는 초승달 모양을 한 상형 문자가 쓰였다.

실제로 마야 문명은 네 종류의 달력을 발명했다.

하나는 마야 신화에서 우주가 창조된 날부터 출발하는 장기 달력이다. 이 창조 일은 현대 우리의 달력으로 치면 기원전 3114년 8월 11일에 해당한다. 창조 일로 시작해 날짜를 셀 때는 20과 18을 기반으로 한 숫자 체계를 섞어서 사용했다. 이 달력의 숫자 중 하나는 18에 도달한 뒤 제로로 다시 맞춰지곤 했다. 그 이외의 경우에는 20을 기반으로 한 이십진법을 사용했다. 놀랍게도 멕시코의 유카탄 반도와 일부 중앙아메리카 지역에 살았던 고대 마야인들은 이미 기원전 1세기에 제로의 개념을 이해했던 것이 분명했다.

마야에는 단기 달력도 있었다. 260일(13일이 20번)로 된 이 순환 주기 달력은 종교 달력이었다. 순환 주기가 끝날 때면 건축물을 세워 한 시기가 끝난 것을 기념했다.

마야의 세 번째 달력은 통상적인 양력의 365.24일과 비슷하게

360일이었다. 이 달력을 만들기 위해 20을 기반으로 한 마야의 숫자 체계는 18을 기반으로 하는 체계도 받아들였다. 360이 20에 18을 곱한 것이기 때문이었다. 그들이 20의 배수만 사용했다면 일 년은 400(20×20)일이 되어야 했을 것이다.[5]

마야에서 사용한 네 번째 달력은 금성의 주기를 바탕으로 한 것이었다. 마야인들은 하늘을 세심하게 관찰했고 584일마다 금성이 태양과 함께 뜬다는 사실을 알아차렸다. (우리는 이런 현상을 신출(新出)이라고 부른다.) 그래서 금성을 바탕으로 한 달력은 584일 뒤에 제로로 다시 맞춰졌다. 마야 달력과 대부분 이십진법에 제로까지 있는 마야의 숫자 체계는 과학 역사상 가장 흥미진진한 발견 가운데 하나이다. 2012년에는 마야의 달력 중에서 하나가 제로로 다시 맞춰진다는 사실 때문에 전 세계적으로 세계의 종말을 두려워하는 일부 사회 집단이 패닉에 빠지기도 했다. 물론 아무 일도 일어나지 않았다. 우리 행성은 계속 지구 주위를 돌았고 이 공포는 십여 년 전에 Y2K에 대해 가졌던 걱정처럼 근거가 없는 것으로 밝혀졌다.

그러나 마야 체계는 세계의 다른 지역의 체계들과는 차이가 있으며, 경제적으로 표기하는 데 알맞다고 할 수 없는 상형 문자를 썼다. 쓰거나 새겨 상징적으로 만든 마야의 기호는 로마 체계와 비슷해 숫자가 커질수록 수가 늘어난다. 제로는 우리가 사용하는 숫자 체계처럼 완벽하게 자리를 잡은 요소가 아니었고 기반이 되는 숫자 또한 필요에 따라 20에서 18로 바뀌었다. 조르주 이프라(Georges Ifrah)는 마야의 숫자를 시간의 시험에서 살아남지 못한 "실패한 체계"라고 불렀다.[6] 하지만 마야 숫자와의 만남은 여러 용도로 쓰이는 10을 기반으로 하는 숫자와 첫 제로 — 현대 세상을 지배하는 전능한 시스템의 바탕이 된 숫자 열 개 — 의 기원을 동방에서 찾고자 했던 내 열정에 다시 불을 지폈다.

4

마야 숫자를 알게 되어 추진력을 얻은 나는 다음 한 해 동안 평생 나를 사로잡았던 위대한 수수께끼를 풀기 위해 열심히 연구했다. 우리에게 친숙한 아홉 개의 숫자 1, 2, 3, 4, 5, 6, 7, 8, 9와 더없이 중요한 0은 어디에서 나온 것일까?

라씨를 통해서, 그리고 대학에서 수강한 강의와 책과 연구를 통해 우리가 현재 사용하는 숫자 9개가 인도에 기원을 둔 것으로 생각한다는 사실을 알게 되었다. 또 과거의 어떤 시점에는 인도 사람들이 제로를 사용해 자리를 표시하는 법을 배운 것도 알았다. 하지만 숫자의 기원과 제로의 발상지에 대해서 완벽하게 알려진 사실은 없다.

이 모든 것이 사실일까? 관련 글들은 모두 하나의 방향을 가리켰다. 바로 동쪽이었다. 배 위에서 라씨와 지낸 경험 덕분에 나는 직접 찾아내어 역사를 증명하고자 싶은, 그리고 그 실제 증거를 보고 싶은 깊은 갈망을 갖게 되었다.

그래서 나는 인도로 가는 여행을 계획했다. 그곳에서 답을 찾고 싶었다. 나는 시간을 들여 힌두교와 불교와 자이나교에 대해 배웠다. 동방과 아시아의 문화, 그리고 풍습과 철학과 수학에 관한 책들을 읽었다. 아시아에 대한 지식을 얻기 위해서는 동양의 종교가 꼭 필요할 거란 느낌이 들었다. 그리고 어쩌면 숫자의 기원이 이런 종교적인 전통에 담겨 있을지도 모른다는 생각이 들었다.

그리고 그때까지 거의 완전히 이질적이었던 이 흥미로운 종교들에 대해서 배운 것이 있었다. 현대 힌두교의 모체로 더 잘 알려진 브라만교는 인도에서 발생했고, 브라마, 비수뉴, 시바라고 하는 주된 신 셋이 있다. 신들에게는 저마다 샤크티, 즉 배우자인 여성형이 있다. 시바의 샤크티는 파르바티인데 우마 또는 두르가라고도 불린다. 락슈미는 비슈누의 샤크티이다. 그녀는 연꽃 위에 앉아 양손에 꽃봉오리를 든 채 우유로 된 바다에서 환하게 빛나며 떠오른다. 락슈미는 행운을 주는 여신이다. 브라마는 세상의 창조신이다. 하지만 무한을 뜻하는 큰 바다뱀 아난타의 위에서 영원한 잠에 빠진 비슈누의 다리를 락슈미가 안마해서 깨울 때, 바로 비슈누의 배 위에 핀 연꽃에서 태어난다. 여기서 이미 이 신들이 품고 있는 숨은 뜻이 보인다. 무한이라는 수학적으로 중요한 사고가 아난타라는 이름에 담겨 있듯이 무한한 양 또는 정도라는 형태로, 그리고 영원한 잠에 빠진 비슈누가 깨어날 때까지 영원한 과거라는 형태로 첫 선을 보인다.

비슈누는 세상을 유지하는 존재이고, 시바는 파괴하는 존재이다. 이 강력한 이미지에 들어맞게 시바는 흔히 삼지창을 든 모습으로 묘사된다. 때로는 정형화된 남근으로 표현되기도 한다. 위험한 신임에도 불구하고 시바는 상당히 자비로운 것 같다. 그가 등장하는 많은 예술 작품에서도 드러나듯이 그가 가장 관심을 가지는 것은 섹스인 듯하다.

비슈누는 팔이 네 개(어떤 때는 여덟 개)이다. 네 개의 팔로 우주의 네 가지 요소인 흙과 바람과 불과 물을 의미하는 상징을 가지고 다닌다. 이것은 그리스에서 우주를 구성하는 요소와 놀라울 정도로 닮았다. 그리스의 구성 요소 역시 흙과 바람과 불과 물이지만, 거기에 정수(quintessence)라는 다섯 번째 요소가 있다. 본질(quintessential)이라는 말이 여기에서 나왔다.

시바는 거의 늘 이마에 세로로 된 제3의 눈을 가진 모습으로 그려진다. 브라마는 얼굴이 네 개로, 동서남북의 방향으로 하나씩 향하고 있다. 이 신들은 삶과 자연의 상징을 상당 부분 담고 있다. 함께 있으면 삼위일체를 떠올리게 하는 세 신은 삼신일체(후기 힌두교에서 브라마, 비슈누, 시바를 일체로 하는 사상으로 몸 하나에 세 신의 머리를 붙여 표현 – 옮긴이)가 된다. 실제로 비슈누와 시바는 가끔 한데 섞이기도 한다. 팔 네 개와 제3의 눈을 동시에 가진 조각상은 하리하라(비슈누가 하리이고 시바가 하라)라는 이름을 가진 신을 뜻한다. 두 신 혹은 브라마를 포함하여 세 신이 함께하면 유일한 최고의 존재를 나타내는 것으로 보인다.

인도 여행을 준비하며 조사하다 보니 결국 동양의 철학 – 불교일지, 자이나교일지, 힌두교일지, 혹은 이 세 종교가 합쳐져서 나온 다른 사상일지 모르지만—과 동양의 정신이 한쪽으로는 제로, 한쪽으로는 무한의 숫자 체계를 받아들이게 만드는 것이 있는 게 틀림없다는 확신이 들었다.

우리는 유럽에 현재 숫자가 전해지기 전에는 제로가 없었다는 것을 안다. 숫자를 더하고 빼고 곱하고 나눌 수는 있었지만, 제로는 아무도 생각하지 못했다. 가령 5에서 5를 뺀다면 아무것도 없다. 그렇지만 이것은 현재 제로라고 부르는 개념과 같다고 생각하지는 않았다. 마찬가지로 유럽 사람들은 신의 무한한 특성에 대한 종교적이고 철학적인 사색을 빼고는—내가 알기로 자이나교도들은 분명히 이루어낸—극단적으로 큰 숫자와 무한을 결코 생각해 내지 못했다. 가령 성 아우구스티누스가 쓴《신국론》이라는 개념을 이런 내용이 있다.

“하느님의 영원하고 도전할 수 없는 지식과 의지 중에서도 만드신 모든 것이 영원한 설계에서나 실제 결과에서나 하느님의 마음에 흡족했다.”[7]

무한을 영원한 시간으로 부드럽게 표현한 이 개념은 더 이상 발전되지 않았다. 신의 무한한 특성과 무한한 시간과 공간과 환경에서 역사하는 신에 대한 비슷한 언급을 유대교 신학, 특히 카발라에서도 볼 수 있지만 이런 인식은 막연하기만 했지 제대로 형성되지 못했다.

나는 제로라는 생각과 무한이라는 개념을 발명한 것은 독특하면서 전혀 다른 종류의 논리를 사용한 동양의 정신일 것이라고 확신하게 되었다. 당시에는 알지 못했지만 내 예감이 처음 생각했던 것보다 더 정확하다는 것이 동양에서 입증되었다. 나는 아시아를 여행하면서 오래된 필사본이나 돌에 새긴 최초의 숫자들을 내 눈으로 직접 보고 발견할 수 있기를 고대했다. 수학의 기원에 대한 고고학적 증거를 실제로 발견할 수 있다는 생각에 나는 말로 다 설명할 수 없을 만큼 흥분했다. 처음으로 보아야 할 곳은 인도임에 틀림없었다.

한겨울인 2011년 1월 10일 새벽 두 시에 나는 안개가 자욱한 델리에 착륙했다. 내가 고생을 통해 배운 바에 따르면 인도 남부는 열대이지만 북부의 델리는 끔찍하게 추울 수 있었다. 공항 터미널로 들어가는데 너무나 추워 덜덜 떨었다. 죽을 정도로 피곤하고 오랜 비행으로 약간 어리둥절해 있었다. 나는 작은 여행 가방과 인도 수학에 대한 책 두 권, 그리고 이 수수께끼를 고심하는 데 도움이 되길 바라는 사람의 이름이 적힌 공책 한 권을 지니고 있었다.

호주 시드니에서 두 해 전에 열렸던 과학사에 대한 국제 학회에서 나는 C. K. 라주 교수를 만났다. 그는 내가 만난 학자들 가운데 가장 별난 사람이었다. 당시 라주의 강연은 충격과 회의, 게다가 조롱까지 이끌어 냈다. 그는 수학이 인도에서 발생했고, 서구인들이 고대 수학자의 업적이라고 생각하는 많은 것들이 그보다 더 앞선 시기에 인도에서 달성되었다고 주장했다. 주장을 뒷받침할 결정적인 증거를 많이 내놓지는 못했지만, 그것이 옳다고 믿는 그의 확신과 열정이 상당히 매력적으로 다가왔다.

당시 그의 강연, 그리고 그의 성격을 보면 어쩌면 헛소리를 하는 게 아닐까 생각하게 만드는 구석이 있었다. 나는 서구에 알려지지 않은 인도 역사에 대한 문서가 많다는 것을 알고 있었기 때문에 실제로 라주가 주장한 수학적 기원과 성과 가운데 최소한 몇몇은 인도 아대륙에서 처음 발견되어 이후 그리스나 다른 지역으로 전파되었을 가능성이 있다고 생각했다.

하나 예를 들면 피타고라스는 기원전 5세기에 인도를 여행했을 가능성이 있다. 그리고 그는 이집트와 페니키아를 방문했다.

나는 한동안 라주와 이야기를 나눴고, 이후 계속 연락을 하고 있었다. 그리고 동양에 온 나는 뉴델리의 중심부에 있는 호화로운 오베로이 호텔의 로비에서 그와 만나기로 했다.

동양에서는 모든 것이 괴상한 논리의 지배를 받는 게 아닌가 싶었다. 우리는 호텔 로비에서 오후 2시에 만나기로 했다. 나는 약속 시간이 두 시간이나 지나는 동안 거기 앉아서 아쌈차를 잇따라 들이켰다. 4시 10분 전 막 포기하려고 하던 차에 라주가 나타났다. 그는 사과를 하거나 늦은 이유를 설명하지 않았다. 2시나 4시나 그게 그거라는 생각인 것 같았다. 시드니 학회에서 만났던 공통적인 지인에 대한 잡담을 좀 나눈 뒤 그는 과학과 수학에 대해 길고 장황한 독백을 시작했다. 그는 우리가 대개 그리스 수학자인 유클리드의 업적이라고 생각하는 정리부터 보통 아인슈타인의 공이라고 믿는 상대성

이론까지 지난 3천 년 동안 세상의 많은 위대한 발견이 인도의 것이라고 주장했다. 그러고는 내 프로젝트를 언급하더니 "과학사에서 서구의 편견을 수정하는 것은 당신이 단연코 해야 할 일"이라고 말했다. 그는 책을 한 권 펼치고 나에게 한 구절을 보여 주었다. 괴상한 동양 논리와 함께 그 구절에 나는 깜짝 놀랐다.

> 어떤 것은 참이거나
> 혹은 참이 아니고
> 혹은 참인 동시에 참이 아니고
> 혹은 참도, 참이 아닌 것도 아니다.
> 이것이 부처님의 가르침이다.[8]

이 글을 읽고 나는 소리쳤다.

"맙소사, 무슨 이런 논리가 다 있어!"

라주는 웃음을 터뜨리더니 그것이 기원후 2세기의 유명한 불교 철학자이자 스승인 나가르주나(용수, 대승 불교의 창시자 — 옮긴이)에게서 나왔다고 말했다.

"동양에서 한동안 지내면 이해가 될 겁니다."

나는 나가르주나의 말을 한동안 뚫어지게 응시했다. 참이거나 혹은 참이 아니고 혹은 참인 동시에 참이 아니고 혹은 참도, 참이 아닌 것도 아니라고? 이 하나로 이어지는 선택지들은 뭐지? 의미를 전혀 알 수 없었다. 확실히 현실을 해석하는 괴상한 방법이기는 했다. 라주는 재빨리 설명했다.

"여기서 모든 것의 열쇠는 *슈냐*라는 겁니다."

그는 활짝 웃었다. 슈냐가 무슨 뜻인지 이해하려는 나를 보더니 계속 설명을 이어갔다.

"슈나는 우리말에서 제로를 뜻해요. 하지만 *슈냐타*라고 하는 불교 철학적 개념인 공(空)이기도 하지요. 숫자 제로와 불교의 공 – 니르바나, 즉 해탈로 가는 길에서 정진하는 이상이며 명상의 목표 – 은 하나이고 같아요. 공은 아주 깊은 철학적 개념이고, 제로는 거기서 나왔습니다."

그러고 나서 라주는 종이가 가득 든 낡은 가죽 가방을 집어 들었다. 그리고 내 손을 잡고 몇 번 흔들더니 말했다.

"하지만 당신은 전부 이해하게 될 겁니다."

그는 다시 한 번 이를 드러내며 활짝 웃더니 방문 교수로 초빙을 받은 말레이시아로 떠나야 해 서둘러야 한다고 했다. 말레이시아인들은 아시아에 과학적 인식을 가져올 작업에 흥미를 가진 모양이었다. 그들은 흔쾌히 대가를 지불할 용의도 있었다. 라주는 말레이시아에서 수행하던 연구의 결과를 독일에서 정기적으로 열리는 국제 학회에 제출했다.

독일인들 역시 아시아의 과학 역사에 관한 이 프로젝트에 발을 담그고 있었는데 이 주제에 대한 논문을 계속 내는 라주는 그들에게

인도 히말라야 산맥 기슭의 산 심라에서 라주 교수.

노다지와 같은 존재였다. 나는 슈냐, 즉 제로가 불교의 공 개념인 슈냐타에서 나왔다는 아이디어가 반가웠다. 또 참이거나 혹은 참이 아니고 혹은 참인 동시에 참이 아니고 혹은 참도, 참이 아닌 것도 아니라는 다른 종류의 논리 역시 빈 공간, 즉 동양의 제로의 개념과 어떤 식으로든 관계가 있을 것이라는 막연한 예감이 들었다.

5

나는 기원후 10세기부터 시간을 거슬러 올라가 남아시아에서의 연구를 시작했다. 라주와 잊지 못할 만남을 가졌던 다음 날 나는 황록색 툭툭을 타고 델리의 이른 아침 안개를 뚫고 공항으로 향했다. 툭툭은 아시아 도시들에서 가장 붐비는 좁은 길도 누빌 수 있는 오토바이를 동력으로 이용하는 삼륜차를 말한다. 공항으로 간 나는 인도 중부에 있는 마디야 프라데시 주의 카주라호로 가는 킹피셔 항공편에 탑승했다. 한때는 밀림이던 그곳에 힌두교 사원과 자이나교 사원이 섞여 있는 곳이 있었다. 두 시간을 비행한 뒤 킹피셔 항공기는 갠지스 강변의 신성한 도시 바라나시에 착륙했고, 거기서 20분 정도 있다가 채 한 시간이 걸리지 않는 카주라호를 향해 다시 이륙했다. 막 착륙하려 할 때, 아래로 우거진 열대 정글 사이로 남아 있는 석조 사원이 언뜻 보였다. 몇십 년 전에 다카오 하야시라는 일본 수학자가 여기서 신비한 숫자의 사진을 찍기는 했지만 오래된 비문을 볼 수 있는 사원의 이름에 대해 그는 아무런 정보도 없었다. 내가 직접 찾아야만 했다.

카주라호의 활주로는 아주 작았으며 터미널은 오두막집 정도의 규모였다. 나는 덮개도 없고 금방이라도 망가질 듯한 구형 포드 택시를 탔다. 차 안에서 땀 냄새와 상한 채소 냄새가 났다. 먹고살기도 힘들어 보이는 바싹 마른 밭 사이로 먼지가 자욱한 길을 따라 몇 안 되는 호텔 중 하나인 베스트웨스턴 호텔로 갔다. 그 작은 도시의 호텔 중에서 가장 좋은 곳이었다. 접수받는 젊은이는 내 방을 배정하는 일에는 관심이 없고 나를 상대로 관광객용 싸구려 장신구를 파는 일에만 열심이었다. 나는 쇼핑할 시간이 없어 거절했고 방 열쇠를 달라고 요청했다. 투숙 절차를 마친 나는 호텔에서 나와 인적이 드문 길을 15분 정도 걸어 그 사원으로 가는 길을 찾았다. 한센병 환자로 보이는 한 남자가 건물 입구 바깥의 맨바닥에 앉아 있었다. 나는 입장료를 내고 들어갔다. 여기 들르는 관광객 대부분은 이 특이한 사원들을 꾸민 에로틱한 장식과 조각상들을 넋 놓고 구경하기 위해 온다.

1838년 영국군 장교인 T. S. 버트 대위는 벵골 공병 중대와 함께 뉴델리 남동쪽으로 640킬로미터나 떨어진 마디아 프라데시의 정글을 탐험하다가 우연히 정글에 숨겨져 있던 한 무리의 고대 사원들을 발견하였다. 버트는 자신이 목격한 것에 전율했다. 그는 일지에 자신이 여태까지 본 사원 중에서 가장 훌륭한 사원이라 기록했다. 하지만 그는 카주라호에서 본 에로틱한 예술의 본질을 뭐라고 묘사해야 할지 말문이 막히기도 했다. 11세기에 지어진 이 훌륭한 석조 사원 가운데 약 1/10이 성적인 상황을 묘사하고 있었다. 그중에는 지금 봐도 깜짝 놀랄 정도로 대담해 보이는 것들도 있다.

서양의 공공장소에서는 성적인 이미지를 보기 힘들다. 특히 예배 장소에서는 더욱 그렇다. 그러나 버트 대위가 본 남자와 여자의 거의 곡예에 가까운 성적 자세로 얽힌 조각상들은 천 년 전에 지어진 힌두교와 자이나교 사원의 내부뿐만 아니라 외벽에도 조각되어 있었다.

"탁월한 솜씨로 아름답고 정교하게 조각된 힌두교 사원을 7개 발견했다. 그런데 조각공이 가끔 꼭 필요한 것보다 조금 더 대상을 흥분하게 만들었다."[9]

한때 카주라호에는 사원이 85개에 달했으며 현재 남아 있는 것은 힌두교와 자이나교 사원을 합쳐서 20개이다.

이 지역에 엎드리면 코 닿을 거리에 있는 모든 사원의 외벽에 조각이 장식되어 있다. 이 조각들은 일상생활뿐만 아니라 신의 모습도 묘사하고 있다. 그러나 사원을 강하게 지배하는 것은 아주 솔직하면서 전혀 예상치 못한 에로틱한 장면들이다. 상상 가능한 모든 성행위를 하는 사람들을 회색, 노란색, 또는 불그스름한 돌 위에 새긴 실물 크기의 조각상과 장식들이 그것이다. 한 사원에서는 관광객의 머리 위에서 한 남자와 한 여자를 반쯤 벌거벗은 여자 두 명이 받치고 있다. 남자는 관람객을 등지고 위로 향해 있어 남자 아래에서 벌거

벗고 있는 여자와 관람객이 마주보게 된다. 머리를 바닥에 대고 있는 여자의 다리는 위로 벌린 채이고, 둘의 생식기 부분은 맞닿아 있다. 다른 사원에는 눈높이 정도에 사람이 끄는 여러 마리 코끼리 조각이 있다. 그 오른쪽에 놀랍게도 코끼리 정도는 잊게 만드는 뒤에서 여자를 올라타는 남자의 조각이 있다. 또 다른 사원의 경우 벽 전체가 여러 가지 다양한 구강성교 자세를 취한 남자들과 여자들, 그리고 구강성교와 삽입 성교가 결합된 형태의 성행위를 하는 한 여자와 두 남자를 묘사한다.

지금까지도 이 특이한 조각은 제대로 설명되지 않는다. 관광 가이드들은 이곳을 여행하는 순진한 관광객들에게 카마수트라에 대한 이야기를 늘어놓고, 잡지와 가이드북은 노골적인 조각들이 힌두교의 신인 시바와 그의 샤크티인 파르바티를 표현한 것일지도 모른다는 뜻을 비친다. 그게 사실이라면 무시무시한 세상의 파괴자는 아내의 몸에만 관심이 있다는 것인가? 게다가 사원 중에는 힌두교가 아니라 자이나교의 사원도 많다. 좀 더 학문적인 가이드북에서는 이 이미지가 다산의 상징일 수 있다고 추측한다. 하지만 정답은 아무도 모른다.

카주라호의 에로틱한 조각상만큼 설명하기 난해한 것이 이곳에서 한 세기 전에 발견된 복잡한 수학 한 토막이다. 나는 수학의 역사에 대한 오래된 책 한 권에서 실마리를 얻었다. 데이비드 유진 스미스(David Eugene Smith)는 이렇게 말한다.

"찬델 왕조(870~1200)의 기록이 다양한 유적에 남아 있는 인도의 고도 카주라호의 자이나교 비문에 '마방진'이 나타난다."[10]

나는 원래 하야시가 이 문헌 때문에 이곳에 이르렀을 거라고 생각했는데 실제로는 훨씬 일찍 쓰인 이 신기한 수학에 관한 최초의 역사 기록을 읽었던 것이다. 하야시는 1860년대에 자이나교 사원의 입구에서 수학적 내용이 있는 비문을 찾아낸 영국의 저명한 고고학자 알렉산더 커닝햄 경이 남긴 메모에서 오래된 마방진을 발견했다는 정보를 얻었다.[11]

나는 몇 시간이고 사원군에 속한 모든 사원을 돌아보았지만 그 비문은 찾을 수 없었다. 하야시가 말한 마방진은 어디에 있을까? 나는 만나는 가이드마다 물어보았지만 아무도 몰랐다. 그러다 내 말을 주워들은 한 프랑스 관광객이 자기 가이드에게 '동쪽 그룹에 있는 한 사원의 문에서 옛날 숫자를 본 것 같다.'는 말을 들었다고 했다. 동쪽 그룹은 도시 반대쪽에 있었는데 더 외지고 방문객이 거의 없는 사원들이었다.

나는 울타리가 쳐진 사원군을 떠나 주인 없는 가축들을 지나쳐 30분 동안 걸었다. 쓰레기를 먹고살며 자유롭게 돌아다니는 이런 가축은 인도 어느 곳에서든 볼 수 있다. 나는 마침내 오래된 동쪽 사원군을 발견했다. 이곳은 대부분 힌두교가 아닌 자이나교 사원이었다. 나는 주인 없는 개들과 누더기 옷을 입고 돈을 구걸하는 아이들을 뒤에 달고 이 사원에서 저 사원으로 갔다. 그들마저 없었다면 무서

인도에서 수학 이론을 연구하던 1983년 미소레 군주의 예전 여름 별장에서.
아들 마코토와 함께한 다카오 하야시

울 정도로 인적이 없었다. 들판에서 바람이 불자 먼지가 소용돌이쳤고, 아무것도 보이지 않았다. 곧이어 10세기 중반에 만들어진 자이나교 사원인 파르스바나타 사원으로 갔다. 출입구에 에로틱한 조각이 둘러져 있었다. 남자, 아니면 신이 여색을 탐하는 시선으로 품에 안은 여신의 눈을 바라보았다. 여자의 머리는 남자를 올려다보았고, 남자의 왼손이 여자의 풍만한 가슴을 쓰다듬고 있었다.

나는 출입구의 바로 오른쪽에서 마침내 내가 여기 온 목적인, 하야시가 40년 전에 봤지만 정확한 위치를 기억하지 못했던 숫자들을 찾아냈다. 1,000년이나 된 이 사원의 문에 새겨진 힌두 숫자(일부는 우리가 지금 쓰는 숫자와 비슷하지만 일부는 전혀 달라서 비전문가는 알아보기 힘들다)로 된 마방진이 그것이었다. 이 마방진은 가로 네 열에

7	12	1	14
2	13	8	11
16	3	10	5
9	6	15	4

세로 네 열로 된 사각형으로 위와 같은 숫자가 들어 있었다. 알아보기 쉽게 현대의 숫자로 바꿨다.

여기에 몇 가지 놀라운 사실이 있다. 바로 모든 가로열의 합은 34라는 것이다. 거기에 모든 세로열의 합, 두 대각선 방향의 합, 바깥을 이루는 큰 사각형 모서리의 합, 안쪽을 이루는 작은 사각형 모서리의 합도 마찬가지다. 이 기이한 비문이 있는 사원은 기원후 954년의 것으로 추정된다. 다시 말해 이미 10세기 중반에 이곳을 건설하고 예배를 드리던 사람들은 이렇게 복잡한 마방진을 만드는 법을 알았다는 말이다. 카주라호 마방진은 4×4 마방진으로는 가장 오래된 것 중 하나이다. (앞선 3×3 마방진은 중국과 페르시아에 잘 알려져 있었다.)

카주라호 현지에서 발견된 마방진과 숫자는 일찍이 10세기에 사용된 힌두 숫자의 훌륭한 사례이다. 카주라호와 인도의 다른 오래된 사원들에서 발견된 숫자들을 보면 이곳의 숫자는 종교적 관행과

카주라호에 있는 파르스바나타 사원 출입구의 마방진(10세기).

카주라호에 있는 한 오래된 사원의 정면 장식.

관련해서 유래되었을 수 있다. 가령 기원전 2천 년 전에 시작되었다고 추정되는 베다라는 인도의 옛 문서에서는 사원의 크기와 희생 제례를 드려야 하는 동물의 숫자를 명기하는데, 모두 숫자로 표기되어 있다. 어쩌면 그런 이유 때문에 초기 힌두 숫자가 오래된 사원에서 보이는 것일 수 있다.

또 이런 숫자들은 지금까지 발견된 문서 중에서도 아주 특이한 초기 문서에서 찾아볼 수 있다. 흥미롭게도 숫자에 매료되어 있던 독일의 화가 알브레히트 뒤러는 1514년에 유명한 판화 〈멜랑콜리아(우울증)〉를 제작했는데 그림의 오른쪽 상단 모서리에 4×4 마방진이 그려져 있다.

16	3	2	13
5	10	11	8
9	6	7	12
4	15	14	1

이 마방진 역시 거의 6세기 전에 만들어진 카주라호 마방진처럼 보통의 마방진이다. 즉, 1에서 16까지의 숫자가 모두 나와야 하고 합계는 항상 34가 되어야 한다. 그러나 카주라호 마방진이 반쯤 혹은

전부 벌거벗은 채 육체적인 쾌락에 심취한 인물들에 둘러싸인 반면 뒤러의 마방진은 옷을 완전히 차려입고 혼자 우울해하는 여자 옆에 자리하고 있다. 이것이 동양과 서양 사이의 논리와 관점에 대해 내가 느낀 차이를 보여 주는 또 하나의 예이다.

카주라호 비문은 10세기의 인도인들이 이런 종류의 마방진 산술에 능숙했다는 것을 보여 줄 뿐만 아니라 (파르스바나타 마방진 사진에 나오는) 그들이 당시 사용했던 숫자와 우리가 현재 사용하는 숫자의 유사성을 보여 주는 사례이다. 어떤 숫자가 같고 어떤 숫자가 다른가? 힌두 숫자는 어떻게 우리 숫자가 되었을까? 그리고 어떻게 바뀌게 된 것일까?

세상에는 다양한 종류의 논리가 있다. 이른바 "선형" 로직이다. 아주 간단하게 설명하면 서양의 종교와 섹스는 상반되는 것처럼 보이지만, 동양의 종교와 섹스는 살면서 누리는 모든 쾌락을 성대하게 찬양하는 한 방편이다. 종교 사원에 카주라호 마방진과 에로틱한 이미지가 동시에 배치된 것이 보여 주듯이 수학은 섹스와 종교 둘 다와 관계가 있다. 실제로 섹스는 삶의 가장 위대한 미스터리를 담고 있으며, 우리가 인지하는 데 있어 논리적으로 근거가 되는 추상적 개념인 수학이 가장 위대한 미스터리라는 것은 거의 틀림없는 사실이다.

나는 이 사원들을 건설한 옛날 자이나교도들과 힌두교도들이 그런 깊은 미스터리를 숙고했을지 생각했다. 그들이 남긴 증거를 보건대 그러지 않았을 리가 있을까? 왜 우리의 삶은 섹스에 크게 지배를 받는 것일까? 그리고 왜 우주는 본질적으로 수학의 지배를 받을까? 욕망의 비밀은 무엇일까? 그리고 왜 숫자는 마방진과 놀라운 산술

방식처럼 신기한 반응을 보이는가? 옛날 동양 사람들도 품었을 질문들이다. 그들이 찾은 답이 아마도 신앙과 종교로 이끌었을 것이다. 그들은 신을 만들어 내고 예배 장소를 세워 가장 위대한 수수께끼인 섹스와 수학을 그 사원에 넣었다. 적어도 내 짐작으로는 그렇다. 그렇다면 내가 맞는 길로 가고 있는 것일까?

카주라호의 에로틱한 조각을 보자 예전에 보았던 고대의 에로틱한 예술이 떠올랐다. 열네 살 때 유람선 여행 중 가게 된 폼페이에서였다. 그때는 라씨와 함께하지 못했다. 아버지가 라씨에게 특별하게 로스팅된 이탈리아 커피의 선적을 감독하라고 지시했기 때문이다. 회사에서 손님들에게 가장 품질이 좋은 이탈리아 커피를 대접할 것을 고집했기 때문에 커피는 이탈리아 항구에서는 늘 배에 싣는 물건이었다. 어머니와 여동생은 쇼핑을 하러 갔고 아버지는 배 위에 남았다. 그래서 수석 엔지니어의 아내인 루스 쳇이 나와 함께 폼페이를 방문했다. 쳇 부인은 매력적이고 세련된 서른두 살의 여성이었다.

우리는 고고학 발굴 현장에 도착했다. 폐허가 된 도시에서 발견된 에로틱한 조각과 프레스코 그림이 전시되어 있는 특별 전시 구역에 들어갔다. 당시 이탈리아 사람들에게는 이상한 성차별적 규칙이 있었다. 남자는 몇 살이든 전시를 보러 가도 되지만 여자는 안 된다는 규칙 말이다. 당연히 나는 이 예술이 궁금했기에 안으로 들어갔다. 내가 어리다는 것은 전혀 문제가 되지 않았지만 쳇 부인은 제지당했다. 큰소리로 항의하고 간청하고 위협까지 해 봤지만 경비원은 그녀를 통과시키지 않았다.

안으로 들어간 나는 거의 목까지 닿을 정도로 거대하게 일어선 페니스를 손에 쥔 작은 남자를 조각한 상과 침대에서 다양한 자세로 성교하는 커플들을 보았다. 여성의 가슴은 종종 끈이 없는 브래지어로 덮여 있었다. 폼페이가 파괴된 것이 기원후 79년이라 이 조각상과 프레스코화 들은 전부 기독교 시대 이전에 만들어진 것들이었다. 가린 가슴이 성적인 상황에서조차 어느 정도 정숙해야 한다는 것을 보여 주는 증거이긴 하지만 말이다. 기독교가 서양에 들어오고 난 뒤 에로틱한 형상화가 대폭 줄어들었다. 이는 같은 시대의 인도와는 대조적이다. 열네 살 소년으로서 나는 이 주제에 대단히 관심이 많았고, 또 당연히 매우 당황스럽기도 했다. 그곳에 들어오지 못한 루스 쳇은 불만을 나에게 돌렸다.

"선장님 아들은 음흉해요! 저 어린애가 음란한 전시를 보러 들어갔다구요. 나는 입장하지 못하게 했고요."

쳇 부인의 말에 아버지는 웃음을 터뜨렸다.

열네 살의 나는 몹시 부끄러워하며 로마 예술을 보았다. 그렇지만 지금 이곳에 있는 나는 오래된 숫자를 발견하려는 사명을 가진 성숙한 어른이었다. 카주라호의 신비스럽고 외설적인 조각상들은 어떤 의미에서는 그 안에 수학적 연구를 숨기고 있는 것 같았다. 두 관능적인 예술 사이의 유사성과 차이를 생각하면서 나는 10세기의 동양 사람들은 성과 성생활에 대한 콤플렉스가 없었다는 결론에 이르렀다. 카주라호 조각에 보이는 자유로움이 그런 개방성과 살면서 누리는 쾌락에 대한 순수한 흥분을 뒷받침한다. 나는 그것이 동양과 서양의 근본적인 차이를 가리킨다고 확신했다. 나는 이런 관점의 차이가 동양의 논리가 일반적인 서양적 사고방식과 다르다는 사실과 어떤 식으로든 관계가 있지 않을까 생각했다. 그리고 공(空)에서 숫자를 끌어내어 너무나 강력한 나머지 언젠가 이 세상을 접수하게 되는 숫자 체계를 만든 능력과 어떻게든 관련있지 않을까 궁금했다. 동양에서는 성과 논리와 수학이 연관되어 있는 것처럼 보였다.

우리는 서양 논리만이 타당하다고 생각하는 경향이 있다. 몇 년 전 유방암 진단을 받은 동생 일라나가 전혀 논리적이지 않은 결정을 내려 불만스러웠던 적이 있다. 일라나는 서양 의학을 기피하고 중국의 기공으로만 질병을 치료하려 했다. 절망에 빠지면 누구든 "비논리적"이 될 수 있다는 것을 이해하려 애쓰면서 나는 마크 제가렐리(Mark Zegarelli)가 쓴 《바보들을 위한 논리학(Logic for Dummies)》이라는 책을 샀다. 그는 아리스토텔레스가 고전 논리학의 진정한 시조라고 말한다. 책에선 이렇게 이야기하고 있다. 예를 들어 아리스토텔레스의 가장 유명한 삼단 논법은 아래와 같다.

전제:

모든 인간은 언젠가 반드시 죽는다.

소크라테스는 인간이다.

결론:

소크라테스는 언젠가 반드시 죽는다.[12]

여기까지는 좋다. 그런데 이어서 그는 이렇게 말한다.

대당 사각형

A: 모든 고양이는 자고 있다.

O: 모든 고양이가 자고 있는 것은 아니다.

아리스토텔레스는 이런 형태의 진술 사이의 상관관계에 주목했다. 이런 관계에서 가장 중요한 것은 서로 대각선에 있는 진술의 모순적인 관계이다. 모순되는 한 쌍의 진술에서 하나는 참이고, 하나는 거짓이다.

명백하게 만약 세상 모든 고양이들이 바로 이 순간 자고 있다면 A가 참이고 O가 거짓이다. 그렇지 않다면 상황은 역전된다.[13]

그러나 이 논리는 나가르주나가 표현한 불교적 생각과는 맞지 않는다. 어떤 것이든 참이거나 거짓이거나 참인 동시에 거짓일 수 있다. 그의 진술은 한 주장이 참이어도 그 주장의 반대가 참일 수 있는 상황이 존재할 수 있다는 것을 암시한다. 어떻게 그게 가능할까?

서양의 논리로 보자면 나가르주나의 "참이거나 참이 아니거나 둘 다이거나 둘 다 아닌" 것은 완전히 터무니없는 말로 보일지도 모른다. 참과 참이 아닌 것은 어떤 문제에 있어서도 서로 배타적이며 완전한 상태이다. 어떤 것이 참이라면 참이 아닐 가능성은 전혀 없다. 실제로 수학에서 우리가 배중률이라고 하는 것의 바탕에는 이런 생각이 깔려 있다. 다시 말해 참과 참이 아닌 것이 서로 배타적이며 완전한 상태라는 사실은 증명 이론에서 주류적으로 접근하는 방법의 바탕이다. 증명은 확실한 최종 결론에 이르기까지 단계적으로 쌓아올리는 건설적인 작업이기도 하다. 그러나 가장 흔한 방법은 모순으로 정리를 증명하는 것이다. 왜냐면 그것이 훨씬 더 쉽고 때로는 증명해 내기 위한 유일한 방법이기 때문이다. 어떤 것이 참이라는 것을 증명하려 할 때 먼저 참이 아니라는 것을 가정하고, 이 가정이 모순으로 이어지는 것을 보여 준다. 그 모순을 통해 원래 문제가 참이라는 것을 규명하는 것이다.

하지만 모순으로 증명을 하는 전체 구조는 우주의 어떤 것도 참인 동시에 참이 아니거나 참도 아니고 참이 아닌 것도 될 수 없다는 것을 가정한다. 그래서 만약 우리가 배중률을 배제하면 모순으로 증명이 되지 않기 때문에 수학의 많은 정리가 증명이 되지 않거나 미결로 남을 것이다. 그러면 부처님에게서 비롯된 이 난해한 진술 뒤에 있는 것은 무엇일까? 그리고 왜 우리가 이것에 관심을 가져야 할까? 내가 이 질문에 관심을 갖는 이유는 이 모든 것이 숫자의 출현 – 나를 동양까지 이끈 수수께끼 – 과 밀접한 관계가 있다고 확신하기 때문이었다.

놀랍게도 기원전 300년에 소수의 무한함을 증명한 유클리드

모순으로 증명을 해낸 가장 오래되고 가장 품격 있는 사례이다. 2,300년 전, 그리스 수학자인 알렉산드리아의 유클리드가 소수가 무한한 숫자로 존재한다는 것을 증명했다. 유클리드의 증명은 이렇다.
"소수가 유한한 숫자로 존재한다고 가정해 보자. 그렇다면 그 이후로 소수가 없는 가장 큰 소수가 있어야 하며, 그보다 큰 숫자는 모두 합성수(소수의 곱인 수)여야 한다."
이것은 완벽하게 이치에 맞는다. 소수의 숫자가 유한하다면 가장 큰 소수가 있어야 한다. 이 가장 큰 소수를 p라고 하자. 이제 유클리드는 $2\times3\times5\times7\times11\times13\times\cdots\cdots\times p+1$인 숫자를 생각해 보라고 한다. 이것은 2에서 p까지 모든 소수의 곱에 1을 더한 것이다. 이것이 새로운 소수일까?
만약 그렇다면 p보다 더 큰 소수가 드러난 셈이다. 또 소수가 아니라면 (비소수 또는 합성수의 정의에 따라) 2에서 p까지의 소수 중에서 하나로 나누어져야 한다. $2\times3\times5\times7\times11\times13\times\cdots\cdots\times p+1$인 소수가 q로 나누어진다고 하자. 하지만 그것이 참일 수가 없다는 것을 우리는 안다. 소수 q로 나누면 언제나 추가 요소인 1이 남으며 1/q은 정수가 될 수 없기 때문이다. 그러므로 어떤 경우이든 모순이 드러나므로 정리가 규명된다.

제로와 무한을 만들어 낸 것과 아주 깊은 관계가 있다고 확신하여 부처님의 논리를 연구하던 중에 미국의 논리학자이며 웨슬리언 대학의 교수인 프레드 린턴의 아주 흥미로운 글을 발견했다. 그는 논문에서 나가르주나의 운문에 있는 네 가지 논리적 가능성(그리스어로 테트랄레마 또는 산스크리트어로 카투스코티라고 하는데 사방을 의미한다)에 대한 불교적 생각을 합리적이고 수학적인 방식으로 설명했다. 논리적으로 다른 가능성이 두 개, 참인 동시에 참이 아니고 참도 아닌 동시에 참이 아닌 것도 아닌 것이 존재하는 상황에 대해 린턴이 든 일상적인 예를 살펴보자.

수학에 탁월한 재능을 가졌지만 학내 시위에서 잡히곤 하는 학생이 있다면 그 학생이 아주 똑똑하거나 별로 똑똑하지 않다고 해도 옳은 말일 것이다. 극소량의 설탕이 든 커피 한 잔은 달지도 않고 안 달지도 않다고 하면 아주 설명이 잘 된다고 린턴은 지적한다. 그런 사례는 아주 많다.[14]

확실히 동양적 사고는 참과 거짓에 관해 배중률이 적용되지 않는 단계적 차이와 조화가 잘 되는 것 같다. 어떤 의미에서는 모든 것이 참이거나 참이 아니어야 하는 엄격한 해석은 자연과 삶을 생각하는 서구의 편견을 잘 표현한 것일지도 모른다. 린턴은 나에게 보낸 이메일에서 명백히 서양식으로 양자택일의 엄격한 편견이 들어간 상반되는 종류에 관한 사례를 몇 가지 더 들어 주었다. "당신은 내 편이거나 내 반대편이다." "당신이 해결책의 일부가 아니라면 당신은 문제의 일부이다." "커피와 차 중에서 뭘 드시겠어요?"

그리고 린턴은 덧붙였다.

"저는 그것이 아리스토텔레스 탓이라고 봅니다!"

실제로 서양식 논리는 연역적 서술로 유명한 아리스토텔레스까지 거슬러 올라간다. 하지만 다른 상황과 맥락에서 적용될 수 있는 다른 종류의 논리도 있다. 동양적 사고는 우주를 달리 이해하는 방식을 더 잘 수용하는 것처럼 보인다. 그러나 문제는 있다. 수학이 우리에게 서양식 양자택일 논리만을 가져다 주었을까? 놀랍게도 답은 그렇지 않다는 것이다.

1928년 생인 알렉산더 그로텐디크는 역대 가장 눈부신 수학자 중 한 명이지만 논란의 여지가 많은 인물이기도 하다. 그로텐디크는 가장 복잡하고 추상적인 배경에서도 사물을 측정하는 방법인 측도론과 공간 이론과 한 공간에서 다른 공간으로의 연속사상(continuous mapping) 및 대수기하학 – 대수와 기하가 통합되어 숫자 정보가 기하학적 형태로 이해될 수 있는 영역 – 을 비롯해 수학의 여러 분야에 통찰력 있는 눈을 지닌 학자다. 우리 세상을 지배하는 신비스러운 숫자 열 개를 공식화한 것에서도 명확하게 드러나듯이 수의 의미를 이해하려는 탐구가 그로텐디크의 모든 작업에 원동력이 되었다고 할 수 있다. 그 탐구는 그를 먼 곳으로 이끌었으며 그 결과 우리 시대에 가장 유명한 수학자가 되었다.

그러다 성공의 절정을 달리던 1968년, 파리에서 학생 폭동이 일어났을 때부터 그는 좀 달라지기 시작했다. 베트남에서 미국 전쟁이 절정에 달했을 때 그로텐디크는 열렬한 반전주의자가 되어 항의의 표시로 베트남을 여행했다. 그때 이후로 그는 거의 대부분 정치와 환경 문제에 관한 행동에만 집중했다.

수학 강연 요청을 받았을 때에도 그는 예정된 주제를 거부하고 반전과 친환경에 대한 강연을 늘어놓아서 청중들을 깜짝 놀라게 하기도 했다. 대부분의 청중들이 정치적으로 그와 같은 입장에 있었지만 그들은 정치 설교가 아니라 수학 강연을 들으러 왔기에 존경은 곧 실망으로 바뀌었다.

얼마 뒤 그로텐디크는 오랫동안 모습을 보이지 않았고, 결국 1990년대의 어느 시점에 세상과 마지막으로 단절을 했다. 그는 세상에서 은퇴한 채 아직 프랑스 피레네 산맥에 살고 있다. (그로텐디크는 이후 2014년 11월에 사망했다 — 옮긴이) 전하는 바에 따르면 그는 선과 악에 집착했고 악마가 우주를 지배하면서 고의적으로 빛의 속도를 우수리 없는 멋진 숫자인 초당 300,000킬로미터에서 초당 299,792.458킬로미터로 오류가 생기게 만든다고 믿었다고 한다.[15]

그러나 산속 은거지로 사라진 뒤 오래지 않아 그로텐디크는 앞에 언급한 것처럼 대수기하학이라는 영역을 완전히 재구성해 냈다. 그 눈부신 작업의 일환으로 그는 토포스(topos, 위상)라는 새로운 개념을 만들어 냈다. 위상은 공간 개념을 궁극적으로 일반화시킨 것이다. 그렇게 과감한 생각을 감히 제시할 수 있을 만큼 대담하면서도 수학에 탁월한 재능을 가진 사람은 그로텐디크 뿐이었다. 니콜라 부르바키라는 이름을 가진 프랑스의 비밀스러운 수학자 단체의 오래된 멤버이자 그로텐디크의 친구인 피에르 카르티에의 말에 의하면 "그로텐디크는 수학을 어떤 위상으로든 뭐로든 다시 쓸 권리를 주장했다."[16]고 말한다.

다시 말하면 그로텐디크가 발견한 것이 매우 강력한 나머지 어떤 틀이든 수학을 넣을 수 있다고 여겼다는 뜻이기도 하다. 그는 수를 단순히 숫자가 아니라, 추상적인 독립체로 보면서 동시에 기하학적인 형태로도 보았다. 그는 형태를 숫자적인 양으로 바꿀 수 있었다. 마찬가지로 그는 둘 다를 전문 수학자만이 이해할 수 있는 고도로 난해한 수학 영역에 존재하는 독립체로 도출해 내고 극소수만이 상상할 수 있는 이 기묘한 공간에서 "수학을 할 수 있었다." 수가 일단의 기호들(여러 방식으로 조합된 숫자)로 상징화될 수 있는 추상적 개념이라면, 그로텐디크는 그 추상성을 전혀 새로운 수준으로 가져갔다.

프레드 린턴이 설명한 것과 같이 그로텐디크가 만들어 낸 위상수학은 동양적 논리를 정당화할 수 있으면서 일관되고 정확한 수학적 바탕을 제공한다.[17] 기술적으로 수학의 바탕을 집합론에 의지하기 때문에 엄격하고 양자택일적인 논리가 필요해진다. 여기서 집합 소속의 개념이 나온다. 한 요소는 집합 소속이거나 소속이 아니다. 둘 다이거나 둘 다 아닐 수는 없다. 그로텐디크가 다른 수학자들의 도움을 받아 이룬 업적은 수학을 그것이 의지하던 집합론과 집합 소속에서 해방시켰다. 그는 집합과 소속 법칙이 필요 없는 범주론이라는 기법을 사용했다. 덕분에 그는 절대적인 양자택일을 필요로 하지 않고 다른 논리 체계가 정당하게 존재하는 위상을 자유롭게 정의할 수 있었다. 이와 같은 그로텐디크의 연구를 통해 린턴은 나가르주나의 테트랄레마가 수학적으로 완벽하게 타당한 바탕을 가지고 있다는 것을 보여 줄 수 있었다. 위상은 서양 논리와 마찬가지로 네 가능성이 있는 동양 논리 역시 굳건한 기반 위에 올려놓는다. 그리고 동양 논리에서 지배적인 개념은 공 또는 텅 빔 또는 아무것도 아님, 즉 제로이다.

테트랄레마에 적용한 린턴의 위상에서 "참이 아닌 것"의 반대는 "참"과 같지 않다. 이것이 나가르주나가 포착한 동양적 사고방식의 핵심이다. 서양에서 (참(이 아닌 것))이 아닌 것=참이다. 우리는 모순으로 증명을 할 수 있는 덕분에 엄격한 사고방식을 가지게 되었다. 그러나 린턴의 위상에서는 "참"이면서 "참이 아닌 것"이 있으며 "참이 아닌 것이 아닌 것"이라는 제3의 것도 있다. 린턴이 좋아하는 예를 사용하면 이 논리는 커피가 달지도 않지만 안 달지도 않다는 뜻인 "커피가 안 달지 않다."와 같은 말을 하는 상황에 이 논리가 완벽하게 적용된다.

몇 년 전에 출판사에서 내 책의 판매를 높이기 위해 고용한 홍보 담당자와의 만남에 대해 이야기했던 것이 생각난다. 출판사에서는

"그 사람은 매력이 없지 않다."고 말했다. 이는 전형적인 린턴의 중간 논리이다. 출판사는 그 사람이 매력적이라고 말하고 싶지 않았지만 매력이 없다고도 말하고 싶지 않았던 것이다.

겉으로 보기에는 서로 배제하는 상태인 것 같은 두 개가 (확률론적 또는 그 반대로) 혼합된 상태로 존재할 수 있는 퍼지 논리나 양자역학에 친숙한 독자들은 린턴 위상을 이런 식으로 볼 수도 있을 것이다. 린턴의 연구는 테트랄레마(카투스코티)와 나가르주나의 동양 논리에 굳건한 수학적 토대가 있다는 것을 입증했다. 양자 컴퓨터가 현실적으로 실현 가능하게 된다면, 당시 말레이시아의 대학으로 돌아갔던 내 친구 C. K 라주가 최근에 나에게 언급했던 것처럼 우리가 유일하게 당연한 것으로 받아들였던 보통의 논리와는 다른 논리 원칙을 필요로 할지도 모른다.[18] 그리고 나는 결국 카투스코티 논리가 우리 숫자 체계에서 핵심적인 제로를 발명해 내도록 이끌었다고 믿는다.

인도에서 수학과 논리 – 그리고 수학과 숫자가 섹스와 혼합된 것 – 는 아주 오래되었다. 인도에서 가장 초기의 텍스트로 알려진 것은 앞서 이야기한 것처럼 종교적인 찬가와 의례의 모음집 네 종류인 베다이다. 베다는 고대 산스크리트어 형태로 쓰인 책이다.[19] 이 고대 문서 중에서도 리그베다가 가장 오래되었으며, 기원전 1100년에 쓰였다고 추정된다.[20] 이 텍스트는 이미 숫자, 특히 10의 힘을 폭넓게 사용하는 경향을 보인다. 리그베다에 이런 시가 있다.

내 지성으로 나쁜 찬가는 바칠 수 없으리
인더스 강을 지배하는 바브야를 찬양하여라.
나에게 천 번의 희생을 맡긴
명성을 바라는 비길 데 없는 왕.
명성을 추구하는 왕에게 받은 백 개의 금화와
선물로 받은 말 백 마리와 함께

나 카크쉬반트는 주인에게서 암소 백 마리도 얻었다.
그럼으로써 천국까지 불멸의 명성을 떨쳤다.[21]

인도의 역사학자인 존 키는 다음에 나오는 이 찬가의 마지막 구절에서 "'지복'과 '창조' 같은 말을 성적인 단어로 바꾸면 충분히 이해할 수 있다."고 지적한다. 전문가인 캘커타 대학교의 B. K. 고쉬 교수는 외설적이라고 묘사했다. 에로틱하게 보자면 이렇게 볼 수 있다.

눈부시게 빛나는 신이시여, 당신은 찬란한 빛으로 기뻐하겠지요.
당신의 지복이 완성되기를. 당신의 마음에 드는 창조.
당신의 지복을 지닌 자는 지복 그 자체처럼 황홀합니다.
당신에게 정력과 똑같이 기운을 주는 것은 지복입니다.
오 전능한 분, 천 번의 쾌락을 주는 분이시여.[22]

우리는 리그베다에서 성적인 이미지의 형상화 및 숫자를 폭넓게 사용한 것을 볼 수 있다. 인도 역사학자인 존 맥리쉬에 의하면 "가장 초기 문명이 만들어진 시점부터 인도 아대륙에 사는 사람들은 숫자를 고도로 정교하게 인식하고 있었다."[23] 더욱이 맥리쉬에 의하면 약 4,000년 전에 번성한 인더스 문명의 일부로 인도 아대륙에서 알려진 가장 오래된 도시들 가운데 하나인 모헨조다로의 사람들이 "간단한 십진법을 썼고, 수를 헤아리고 계량 계측을 하는 데 동시대인 이집트, 바빌로니아, 그리스 미케네 사람들보다 훨씬 앞선 방법을 썼다. 베다의 제단은 정확한 수학적 규정에 따라 만들어야 했으며 제대로 된 치수와 올바른 기하학적 구조가 아주 중요했다."[24]

고대 인도에서는 종교적인 목적 때문에 수가 아주 일찍부터 만들어진 것으로 보인다. 서양에서는 수가 실제적인 관심사—은행, 회계 및 일상적인 목적으로 인한 필요성—였던 반면 동양에서 숫자는 영적이고 종교적인 의미를 가지고 있었다.

나는 인도 수학에 대해 많은 자료를 읽었다. 그중 데이비드 유진 스미스가 1925년에 수학의 역사에 대해 쓴 책에서 아래와 같은 구절을 발견하기도 했다.

> 인도의 초기 숫자는 종류가 많다. 가장 초기의 형태는 기원전 3세기에 인도 대부분을 지배한 불교의 위대한 수호자 아소카 왕의 비문에서 볼 수 있다. 인도 여러 지역의 언어 환경에 맞추기 위해 서로 다른 형태를 보인다. 카로스티 숫자는 단순한 선 모양이다. 브라미 형태는 더 흥미롭다. 푸나에서 120킬로미터 떨어진 나나가트 동굴에서 발견된 나나가트 비문은 아소카 칙령으로부터 한 세기 뒤의 것이다.[25]

나나가트 비문의 마지막 숫자에는 우리의 7과 거의 비슷하게 보이는 7과 그리스어의 글자 알파와 비슷하게 보이는 10이 들어 있는

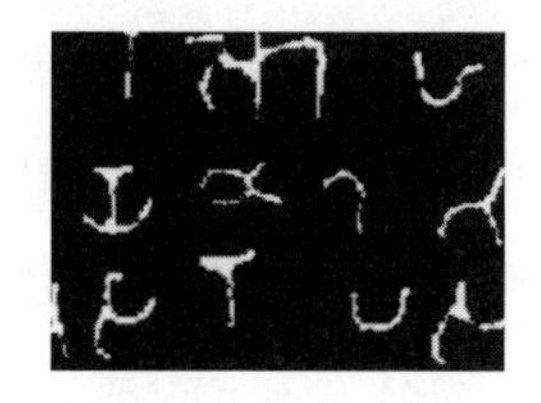

나나가트 동굴 비문의 숫자. 가운데에 10과 7이 보인다.

데 위의 이미지와 같은 모습이다.

이것이 우리가 오늘날 쓰는 형태로 진화된 가장 초기의 숫자 가운데 하나로 보인다. 불교 승려들이 인도 서(西)가츠 산맥의 높은 산속 동굴 벽에 그것을 새겨 넣었다. 승려들은 기원전 2세기에 그 동굴에서 살면서 예불을 드렸다. 이로 인해 불교 순례자들이 아시아 전 대륙에 10을 기반으로 한 숫자 체계를 전파시킨 주요 전달자였다는 것을 알아챌 수 있다. 동굴로 가기 위해서는 가파른 경사면을 따라 네 시간 동안이나 고된 등산을 해야 한다. 인도 정부가 동굴을 보존하는 데 충분한 조치를 취하지 않았기 때문에 숫자의 조상격인 이 비문은 제멋대로 방치되어 있어 그 상태가 점점 나빠지고 있다.

그렇다면 숫자는 그곳에서 만들어져 어디로 갔는가? 아소카 시대에 만들어진 이후 어떻게 더 발전이 되었을까?

뉴델리에 있는 국립 박물관에서 나는 힌디어 및 다른 아시아 언어의 진화를 설명하는 전시회를 만날 수 있었다. 전시장에서 멀지 않은 곳에 연구 센터가 있었다. 나는 그곳의 연구원 두 명과 이야기를 나누었는데 한 연구원의 이런 말을 듣고 깜짝 놀랐다.

"인정하고 싶지 않지만 우리의 문자 언어는 실제로는 아람어(중동 지역의 고대 언어로 시리아 및 레바논의 일부 지방에서 아직도 사용된다. — 옮긴이)에 기원을 두고 있지요."

예상치 못한 이야기였다. 곁에 있던 중년의 학자가 말을 이었다.

"인도는 중동과 그리스와 오래전부터 무역 관계가 있었습니다. 고대 근동의 공통어였던 아람어는 우리 고유의 문자가 발생하는 데 영향을 주었지요."

그러나 내 생각에 숫자가 그곳에서 올 수는 없었을 것 같았다. 근동 지역에서 사용한 수는 바빌로니아의 60진법이나 그리스 로마의 문자 같은 형태의 숫자였기 때문이다. 그 이야기를 전하자 그들은 수긍하면서 문자의 조상은 근동 지역으로부터 여기까지 왔지만 어쩌면 숫자는 순수하게 인도에서 발명되었을지도 모른다고 말했다.

실제로 맨 처음 사용된 숫자는 아마 페니키아 문자였을 것이다. 거기서 히브리어와 아람어를 비롯한 여타 셈족 알파벳이 발전했다.[26] 페니키아어는 근동 지역에서 가장 오래된 언어이며 우리는 피타고라스가 이 지역을 여행하면서 페니키아인들과 이집트인들과 그 사제들에게서 수학에 관한 초기 개념을 배웠다는 것을 알고 있다. 영어의 문자 A와 히브리어의 알레프(aleph)는 둘 다 황소를 뜻하면서 양식화된 황소 머리 그림에서 따온 페니키아 문자 알루프(aluf)에서 나온 것이다. 이 글자는 한때 숫자 1을 의미하기도 했다. 일부 종교적인 유대인들에게는 오늘날까지도 알레프가 그 역할을 한다. 알파

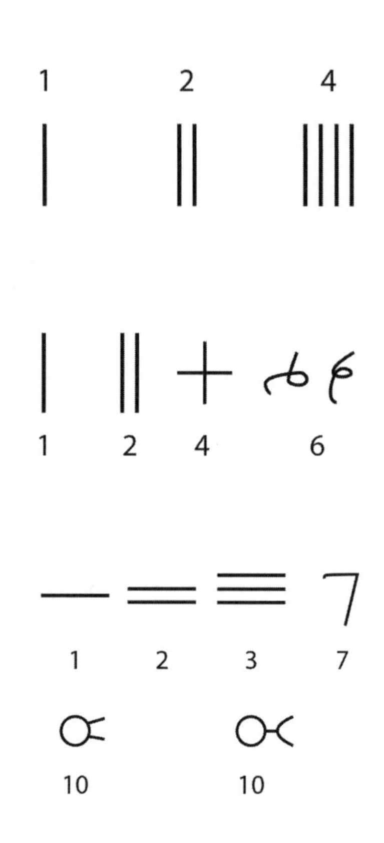

카로스티(맨 위, 기원전 3세기).
브라미(가운데, 기원전 3세기 아쇼카왕 비문).
나나가트와 나시크 동굴 숫자(맨 아래).

는 고대 그리스어에서는 1을 표현할 때 썼다. 그러다가 로마인들이 1에 I, 2에 II 등으로 사용하기로 했지만 그리스인들은 여전히 자체 알파벳을 써서 베타와 감마를 2와 3 등으로 썼다. 고대 히브리인들은 베트와 김멜 등으로 쓰는 식이었다. 그래서 나나가트 비문은 우리가 쓰는 숫자가 오래전 인도에서 발명된 것이며 세계로 전파되면서 더 발전되었다는 것을 뒷받침하는 강력한 증거이기 때문에 매우 중요하다. 나나가트 숫자보다 앞서는 것이 인도에서 사용된 숫자인, 나나가트 숫자와는 약간 다른 아소카 왕 기념비의 브라미 문자이다. 이것은 결국 기원전 3세기에 북인도와 파키스칸에서 시작된 종교 언어와 산스크리트어를 쓰는 데 사용된 또 다른 알파벳 체계인 카로스티와도 관계가 있다.

초기 숫자가 담긴 이런 문서가 모두 인도의 것이라는 사실 때문에 전문가들은 우리 숫자가 인도에 기원을 둔 것이라 결론을 내린다. 하지만 제로는 어떤가? 어디에 기원을 둔 것인가?

8

인정하건대 C. K. 라주는 다소 극단적인 편이다. 전 세계 사람들이 모이는 학회에서 유클리드는 실존 인물이 아니라느니, 인도인들이 오래 전에 미적분학을 발명했다느니 하는 도발적인 내용을 발표하면서 얻는 국제적 악명을 즐기는지도 모르겠다. 그렇지만 실제로 그는 잘못된 것을 바로잡기 위해, 숫자와 제로의 발명과 같이 동양에서 발명된 것에 대해 마땅히 받아야 하는 찬사를 다시 가져오고자 싸운다.

"슈냐, 즉 제로는 명백히 인도에서 발명된 것이지요."

다시 만났을 때 그는 확신에 찬 목소리로 말했다. 그의 말과 상관없이 제로가 동양의 발명이라는 것은 확실하다. 하지만 그것이 인도에서 나왔다고 단언하기는 아직 힘들다.

그러나 수학과 과학의 역사에 서양의 편견이 오랫동안 영향을 미친 것 또한 사실이다. 역사적 오해를 바로잡는 것은 과거에도 그렇지만 지금도 벅찬 임무이다. 라주는 수학과 과학 영역에서 동양이 받아야 할 찬사를 다시 가져오려는 일의 선두 주자이다.

한 가지 큰 문제가 인도의 유물들이 일반적으로 시기를 추정하기가 곤란해 확고한 결론에 도달하기가 매우 어렵다는 점이다. 학자에 따라 유물들과 문서들의 시기가 천 년이나 차이가 나는 경우도 있기 때문이다. 이런 문제는 인도에서 연대표를 작성하는 데 방해가 되며 특히 누가, 무엇을, 언제 발명했는지에 관한 논쟁을 해결하기가 곤란했다.

인도 숫자가 수학의 역사에 영향을 주는 까다로움 중 하나는 세부적으로 들어갔을 때 내용이 부족한 경우가 많다는 것이다. 인도의 수학자들은 서양 지식인들이 수학적 증명에서 기대할 법한 내용 중에서 중요한 부분이나 발견 날짜 같은 것을 빠뜨리는 것으로 유명했다.

20세기의 수학 신동이라 불리는 스리니바사 라마누잔은 중요한 연구 결과를 많이 남겼지만 연구에서 핵심적인 세부 사항은 생략했다. 라마누잔은 1887년에 남인도 타밀 나두 주에 있는 마드라스(지금의 첸나이) 근교의 에로드 마을에서 태어났다. 그는 젊은 시절에 이미 놀랍도록 중요하고 어려운 수학적 결실을 수백 가지나 추론해 냈다. 그가 그 결과물들을 편지로 써서 저명한 영국 수학자인 G. H. 하디에게 보내자 하디는 이 놀라운 수학적 사실들을 증명해 낸 사람이 천재임을 깨달았다. 그렇지만 라마누잔이 자세한 증명 내용을 빠뜨렸기 때문에 어떤 것이 새롭고 정확한지, 어떤 것이 정확하지 않은지, 그리고 어떤 것이 정확하지만 이미 발표된 내용인지 알 수 없었다. 그럼에도 불구하고 하디는 라마누잔이 보낸 독자적인 놀라운 발견에 깊은 감명을 받고 이렇게 말했다.

"그는 나를 완전히 무릎 꿇렸다. 결코 전에는 이와 비슷한 것도 본 적이 없다."

그리고 이 방정식들은 참이어야 한다는 결론을 내렸다. '참이 아니라면 그것들을 발명할 수 있을 만큼 상상력이 풍부한 사람은 없을 것'이기 때문이었다.[27]

하디는 알려지지 않은 젊은 수학자의 예상치 못한 수학 능력에 마음을 빼앗긴 나머지 케임브리지에서 함께 연구할 수 있도록 라마누잔을 초청했다. 하지만 라마누잔이 영국에 도착했을 땐 이미 심한 병에 걸린 상태였고, 슬프게도 오래 살지 못했다. 영국 퍼트니에 있는 병원에 그가 입원했을 때 그와 하디 사이에 있었던 일이 증명이 없는 그의 앎을 잘 보여 준다.

라마누잔이 알려지지 않은 병—지금은 간이 기생충에 감염되었던 것으로 생각된다. 그는 경력이 절정에 달했던 32세에 사망했다—에 시달리면서 입원해 있을 때 하디가 문병을 왔다. 무슨 말을 해야 할지 몰라 머뭇거리던 하디가 말을 꺼냈다.

"여기까지 택시를 타고 왔는데 번호가 좀 따분하더군. 1729였다네."

그 순간 쇠약해진 라마누잔이 침대에서 벌떡 일어나더니 소리쳤다.

"아니에요, 하디. 따분하다니요,! 그건 아주 흥미로운 숫자입니다! 두 세제곱의 합을 두 가지 방식으로 표현할 수 있는 가장 작은 숫자예요." ($1729=1^3+12^3$이고 10^3+9^3이기 때문이다.)

라마누잔은 숫자와 방정식에 관한 그런 수천 가지 사실을 그냥 알았고 추론해 내는 데 전혀 어려움이 없었다. 그는 어떤 것도 증명할 필요가 없었다.

때때로 인도의 증명에는 어떤 연구를 완전히 이해하는 데 필요할 법한 세부 내용이 다 들어 있지는 않았다. 어쩌면 더 간결한 형태를 사용하는 습관은 다른 종류의 논리와 관계있을 것이다. 숫자의 경우도 그렇다. 수의 발명에 있어서 인도가 얼마나 탁월했는지를 보여 주는, 아주 오래된 인도 문서들이 있다. 그러나 문서 대부분은 돌에 새겨지지 않은 한 연대를 추정할 수 없거나 날짜가 적혀 있지 않다. 많이 남아 있는 구리나 청동으로 된 판의 경우는 날짜가 남아 있는데, 이는 가짜로 만들거나 나중에 덧붙인 것이기 쉬워 대체로 믿을 만하지 못한 증거들이다.

나는 그런 판 가운데 하나인 칸델라 비문을 찾아 나선 적이 있다. 인도에서 추가적인 숫자의 발달에 관한 이야기를 해결하는 데 중요한 실마리가 될 수 있는 비문이었다. 아마도 연대가 추정 가능하도록 기록되어 있을 것 같았다. 하지만 그 비문이 실제로 존재했는지는 아무도 알지 못했다. 그래도 그것을 찾는 노력은 다해야 한다고 생각했다.

라자스탄. 그 이름을 들으면 울긋불긋한 옷을 입고 황량한 언덕에서 말을 달리는 기수들, 깊은 산속 호수들에 둘러싸인 요새들, 기수를 태우고 열을 맞춰 동화 속에 나오는 것 같은 궁전으로 행진하는 코끼리들, 그리고 당연히 뱀을 부리는 남자들의 이미지를 떠올리게 한다. 나는 카주라호에서 라자스탄 동부에 있는 자이푸르로 날아갔다. 실제 있는 것인지 확신이 없는 동판을 찾기 위해서였다. 짧은 활주로와 오두막 한 채뿐이던 카주라호 공항과 달리 자이푸르 공항은 더 컸고, 심지어 식당도 한두 개 있었다. 이 도시는 인도 관광 코스에서 '황금의 삼각 지대'에 있다고 할 만큼 늘어난 교통량이 도시의 진행중인 성장을 짐작하게 했다.

밤늦게 도착한 나는 도착장 안에 앉아 유리벽 너머 승객들을 마중하기 위해 기다리고 있는 사람들을 살펴보았다. 그러다가 내 이름이 쓰인 표지를 든 리무진 기사가 눈에 띄었다. 호텔에서 나를 마중하기 위해 보낸 사람이었다.

세계 주요 도시의 세련된 호텔방 가격이면 라자스탄에서는 궁전에 머무를 수 있었다. 나는 옛 자이푸르 군주 궁전의 마차 보관소를 예약했다. 현재 지배자가 스위트룸과 객실로 개조해 임대하는 곳이었는데, 마차 보관소는 궁전 안에서 자는 것보단 약간 저렴했다. 그래도 마룻바닥에 카슈미르 양탄자, 흑단으로 만든 아름다운 옷장, 위풍당당한 사주식 침대를 갖춘 매력적인 숙소였다. 조용하고 평화로운 곳이라 카주라호의 쇠락한 호텔보다 여기에서 훨씬 잘 잘 수 있었다. 다음 날 아침 나는 지난밤의 운전사를 고용해서 북동쪽으로 80킬로미터 떨어진 오래된 유적지로 갔다. 초기 숫자와 어쩌면 제로까지 있을 수 있는 동판인 칸델라 비문이 발견되었다는 소문이 있었기 때문이다.[28] 비문이 아직 거기 있다면 폐허가 된 사원의 내부 벽에 붙어 있을 터였다.

차를 몰아 황량하고 꼬불꼬불한 길을 따라 가운데에 오래된 성이 있는 호수를 지났다. 도로와 붙어 있는 호숫가를 지나는 행렬이 있었다. 장식한 코끼리와 낙타를 모는 사람들이 그 뒤를 따랐다. 콧구멍으로 관악기를 연주하는 나이든 남자 주변을 소규모 군중이 에워싸고 있었다. 우리는 유적으로 향하는 오르막길을 천천히 올랐다. 가는 도중 잠깐 멈췄을 때 몇 안 되는 관광객들이 뱀을 부리는 남자를 둘러싸고 선 모습이 보였다. 코브라가 피리 부는 남자의 리듬에 맞춘 듯 머리를 움직였다.

우리는 마침내 목적지인 언덕 꼭대기의 폐허가 된 외딴 사원에 도착했다. 바람이 불어 먼지가 일었다. 폐허가 된 사원은 겨우 벽 두 개뿐이었고 다른 벽에서 떨어진 돌 조각들이 땅을 덮고 있었다. 이 사원 주변을 한번 돌아보니 동판은 어디에도 없다는 것을 알 수 있었다. 나는 두 시간을 더 보냈지만 어디에도 비문은 없었다. 인도 역사에서 많은 유물이 사라졌다는 사실이 오히려 실망감을 약간 달래주기는 했다. 운전사는 나를 다시 마차 보관소 숙소로 데려다주었다. 이후 나는 인도에서 가장 오래되었다고 알려진 제로를 찾아 나설 예정이었다. 이 비문은 확실히 존재한다고 믿었다.

자이푸르를 떠나기 전에 나는 인도의 중요한 수학자 몇몇이 여러 세기 전에 일했던 이 도시의 잔다르 만타르 천문대를 찾아갔다. 이곳은 현재 인도 사람들 및 방문객들에게 초기 천문학을 설명하는 박물관으로 사용된다. 나는 전시된 정교한 도구들을 살폈다. 이 장치들은 망원경보다 먼저 나온 것이기 때문에 렌즈를 사용하지 않지만 천체를 다양한 각도에서 상당히 정확하게 추정할 수 있을 만큼 선진적이었다. 행성과 달과 해의 움직임을 일 년 내내 추적하는 도구도 있었다. 나는 이 도구들 위에 보이는 숫자를 확인했다. 여기에서 전시 중인 도구들은 이 천문대에서 16세기와 17세기부터 사용하던 것들이었다. 여기에 쓰인 숫자는 현대 우리가 사용하는 것이었고, 제로도 있었다.

제로를 포함해 숫자가 인도에서 왔다는 견해는 독일의 유명한 과학사학자 모리츠 칸토어의 저작물에서 맨 처음 언급되었던 것으로 보인다. 1891년 저작에서 칸토어는 이렇게 말했다.

"이렇게 제로로 숫자 자리를 표기하는 산술 개념을 의식적으로 조작하는 것은 이 개념이 만들어진 고향에서 가장 쉽게 설명할 수 있다. 그 고향은 인도이며, 제2의 고향에 대한 의문이 있지만 인도가 고향이라는 것은 단언할 수 있다. 즉, 두 개념이 바빌로니아에서 탄생했을 가능성도 크지만 그렇다고 해도 아주 원시적인 상태로 인도로 유입되었을 것이다."[29]

미시건 대학교의 루이스 C. 카핀스키는 1912년 6월 21일 〈사이언스〉지에 발표한 글에서 숫자의 기원에 대한 칸토어의 획기적인 구절을 인용했다. 그는 칸토어의 독일어를 영어로 번역한 다음 자신의 글로 숫자가 어떤 형태로든 바빌로니아에서 유래되었다는 생각을 부정했다. 바빌로니아인들이 육십진법을 써서 아주 큰 바탕수를 사용하는 숫자를 만들었기 때문이었다. 그는 바빌로니아인들이 자리를 만드는 제로를 사용하지 않았다는 점을 언급했다. 결론은 숫자가 인도에서 유래되었을 수밖에 없다는 것이었다. 그러나 숫자, 특히 가장 중요한 제로가 인도에서 발명되었다는 증거는 무엇인가?

칸토어나 카핀스키 둘 다 그런 결정적인 증거를 제시하지는 못했다. 카핀스키는 자신의 글에서 이렇게 말하고 있다.

"힌두 숫자가 실려 있다는 초기 문서가 있다. 662년에 쓰인 이 문서는 숫자가 유럽에서 최초로 출현했다고 알려진 9세기보다 두 세기나 앞서기 때문에 아주 중요하다."[31]

명망 높은 〈사이언스〉지에 실린 글임에도 카핀스키는 이 문서가 어떤 것인지 이야기하지 않는다. 실제로 오늘날 그런 문서가 존재한다면, 그리고 누군가가 그 문서가 7세기에 쓰였다는 것을 확실하게 증명할 수 있다면 과학사에서 가장 중요한 문서 가운데 하나가 될 것이다. 아무런 증거도 없이 9세기에 유럽에 숫자가 도래했다는 그의 문장도 놀랍기는 마찬가지다.

그러는 사이 제로를 포함한 숫자가 인도에서 유래되었다는 확정적인 증거가 없기 때문에 유럽의 많은 학자들은 동양에 기원을 두었다고 하는 다른 것들과 마찬가지로 계속 회의적인 태도를 보였다. 숫자와 제로는 유럽인들이 직접, 또는 아랍인들이 발명했다고 주장하는 학자들도 나왔다.

어쩌면 카핀스키가 말했던 문서가 유명한 바크샬리 필사본일 수 있다. 자작나무 껍질 위에 쓴 이 수학 문서는 1800년대에 파키스탄 바크샬리 마을의 땅속에서 발견되었다. 글씨가 쓰인 나무껍질 70장이 너무 약한 나머지 산산조각이 날까 봐 아무도 손대지 못하게 했다. 현재 이 문서는 옥스퍼드 대학교의 보들리 도서관에 전시되어 있다. 바크샬리 유물에 손을 댈 수가 없었기 때문에 실제 연대를 아주 정확하게 알려 줄 수 있는 방사성 탄소 분석을 할 샘플을 채취할 수 없었고, 그래서 여전히 그 유물이 얼마나 오래되었는지 정확히 모른다. 언어학적 분석과 원문 분석을 바탕으로 이 유물이 8세기에서 12세기 사이에 만들어졌을 것이라고 생각하는 학자들이 많지만 그보다 훨씬 이른 기원전 200년에서 기원후 300년 사이에 만들어졌을 것이라고 보는 학자들도 있다. 하지만 방사성 탄소 분석을 하지 않고는 연대를 확정적으로 추정하기란 불가능하다.

이 필사본에는 제곱근을 추산하는 초기 방정식부터 음수 사용에 이르기까지 수학적인 내용으로 가득하다. 가장 중요한 것은 바크샬리 필사본에서는 제로 대신 기호가 사용되었다는 것이다. 만약 바크샬리 문서의 연대가 2세기나 3세기, 혹은 4세기까지 거슬러 올라갈 수 있다면 제로－와 제로가 있는 우리의 숫자 체계 전체－가 인도에서 아주 초기에 발명되었다는 사실을 뒷받침하는 증거가 될 것이다. 영국에서 문서에 거의 손상이 가지 않을 정도로 극소량의 나무껍질을 방사성 탄소 분석을 시행할 수 있게 허락해 준다면 아주 중요한 이 유물의 실제 연대를 알 수 있을 것이다. 아쉽게도 그때까지는 수학 역사에서 가장 중요한 인도 유물의 연대에 대한 의문이 풀리지 않을 것이다.

20세기가 시작하던 때에 바크샬리 유물의 연구를 맨 처음 시작한 사람이 영국의 학자인 G. R. 케이였다. 그는 바크샬리 유물이 12세기 이전의 것이 아니라는 결론을 내렸다. 그러면서 우리가 사용하는 숫자 체계가 유럽과 아랍에서 비롯되었다고 주장했다.

"한 세기 전에 인도 역사와 문학을 개척한 동양학자들의 조사 방법이 늘 완벽했던 것은 아니었기에 결과적으로 많은 오류를 전파하기도 했다……. 정통 힌두교 전통에 따르면 가장 중요한 인도의 천문학 연구라는 '수리야 싯단타'가 200만 년에 걸쳐 만들어졌다고 한다!"[32]

케이는 모리츠 칸토어와 루이스 카핀스키처럼 숫자와 제로가 인도에서 기원했다고 믿었던 학자들의 연구를 명백히 묵살했다. 그는 이어서 자신의 글에서 숫자가 인도에서 왔다고 이야기하는 사람들의 주장을 혹독하게 반박했으며 바크샬리를 초기 시대의 유물로 보는 것을 비롯해 인도의 연대 추정을 조롱했다. 그의 글은 이렇게 계속된다.

"16세기에 힌두 구전에 따르면 '모든 숫자를 충분히 표현할 수 있는 장치가 있는 아홉 숫자'가 '자비로운 우주 창조자' 덕분에 발명되었다. 그리고 이것이 이 체계가 아주 오래되었다는 증거로 인정된다!"[33]

그 당시에는 몰랐지만 케이는 내 이야기에서 중요한 역할을 한다. 그동안 우리 숫자 체계 전체에서 핵심적인 제로가 동양에서 발명되었다는 가정 아래 연구하면서 나는 왜 그런지 자문했다. 그리고 내가 아시아에서 느꼈던 독특한 논리에 연결시킬 수밖에 없었다. 내 가설은 현재 우리가 사용하는 숫자 체계가 서양에서 그랬듯이 교역과 산업 같은 실용적인 일 때문이 아니라 종교적, 정신적, 철학적, 신비적 이유 때문에 동양에서 발전했다는 것이었다. 특히 불교의 슈나타 개념인 공과 자이나교의 지극히 큰 수와 무한의 개념이 가장 중요한 역할을 했다.

인도에서 가장 오래된 제로는 유명한 타지마할의 고장인 아그라 동남쪽 괄리오르에서 발견되었다. 괄리오르의 역사에는 전설이 넘쳐흐른다. 8세기에 마디야 프라데시의 지배자인 수라 센이 중병에 걸려 죽음을 코앞에 두고 있었다. 그는 괄리파라는 은자에게 치유를 받았고 감사하는 마음에서 한 도시를 세워 자신의 목숨을 구한 사람의 이름을 따서 도시 이름을 지었다. 괄리오르에는 여러 세기에 걸쳐 세워진 수많은 사원들과 인도 역사상 많은 분쟁에서 방어를 톡톡히 해낸 유명한 요새가 있다. 이 요새는 함락하기가 거의 불가능했다. 요새는 도시의 한복판, 주변보다 90미터 가량 우뚝 솟은 높은 고원에 서 있다. 때문에 적들이 요새까지 도달해서 벽을 붕괴시키기가 매우 어려웠다. 차투르 부자 사원인 "네 개의 팔을 지닌 신에게 바친 사원"(힌두 구전에서 팔이 네 개인 신은 우리 세상을 강력하게 유지하고 있는 비슈누이다.)이라고 하는 힌두교의 예배 장소의 벽에 산스크리트어로 새긴 기록이 있는데, 기원전 57년에 시작하는 달력을 기준으로 했을 때 933년에 지어졌다고 한다. 즉 기원후 876년에 지어졌다는 말이다. 여기 사용된 숫자 933은 우리가 지금 사용하는 숫자와 놀랍도록 비슷하다. 또 벽에 새겨진 기록에는 사원에 하사된 땅의 길이가 270하스타스(길이의 단위)라는 말도 있다. 270의 0이 현재 인도에서 볼 수 있는 가장 오래된 제로이다.

그러니 876년에 이미 인도인들은 현대적인 관점에서도 완벽한 숫자 체계 안에서 자리 값인 제로를 아주 중요하게 사용했다. 그런 체계 덕분에 그들은 강력하고 효율적이며 분명하게 계산을 할 수 있었다. 그렇다면 거기서 더 거슬러 올라가서 제로가 언제 처음으로 모습을 드러냈는지, 인간이 만든 가장 위대한 지적 발명품 가운데 하나의 전형을 찾아내는 것이 가능할까? 나는 그것을 내 눈으로 직접 보고 만지고 느끼고 싶었다.

나는 남은 수수께끼를 미제로 남겨 두고는 인도를 떠났다. 그곳에서 많은 것을 배웠지만 제로가 어디서, 그리고 언제 왔는지에 대한 단서는 찾지 못했다. 인도에서 가장 오래된 제로가 876년의 것이라면 아라비아에서 전파되었을, 그리고 아라비아에서 유럽으로 갔을 가능성도 있었다. 9세기는 아랍이 대규모로 해상 무역을 벌이던 시대 안에 들어오기 때문이다. 이때는 아랍의 무역이 융성해서 상인들이 돌아다니던 지역 전반에 걸쳐, 즉 유럽과 동양 사이에 물품과 생각과 정보의 전달이 가능한 시기였다. 그런 전달은 동쪽에서 서쪽으로, 서쪽에서 동쪽으로 활발히 일어났을 수 있다. 그리고 이것이 서구적 편견을 가진 케이가 자신의 강의와 글에서 내세우는 바로 그 주장의 근거이기도 했다. 괄리오르보다 동양의 제로가 더 빨리 출현한 증거가 없으면 제로가 들어간 숫자가 유럽이나 아라비아에서 비롯되었다는 케이의 주장을 반박하거나 틀렸다는 것을 입증하기는 힘들다.

하지만 제로를 아랍과의 무역이 있기 이전의 동양에서 발견할 수 있다면 제로가 동양에서 발명되었다는 가설을 강력하게 뒷받침하는 증거가 될 것이다. 이것이 괄리오르의 제로가 — 그 자체로도 중요하긴 하지만 — 우리 숫자 체계에서 가장 중요한 요소를 누가 발명했는지 확실히 밝히는 증거가 될 수 없는 이유였다.

물론 가장 오래된 제로는 마야의 제로이다. 하지만 그것은 중앙아메리카에 한정된 것이었고 다른 곳으로 전파되지 못했다. 그리고 괄리오르의 제로는 9세기 중반의 것이라 역사적 기준이 되는 표지로는 소용이 없다. 칸델라 비문이 다시 발견된다면 수십 년 전에 그 비문을 확인했다고 주장했던 사람이 보고했듯이 인도 제로의 발명을 809년까지 올라가게 할 수 있었다.[34] 그러나 그 연대도 여전히 늦다. 제로라는 개념과 숫자를 누가 발명했는가 하는 질문을 끝낼 수 있는 더 앞선 시기의 결정적인 제로를 찾는 데 큰 도움은 되지 않을 터였다.

9

인도에서 돌아왔을 때 내 연구는 막다른 골목에 몰린 것 같았다. 9세기의 옛 인도인들에게 제로가 있었지만 이 제로는 바그다드를 중심으로 칼리프가 다스렸고 무역 상인들이 동과 서를 연결했던 아랍 제국에도 존재했다. 그 제로는 어느 곳에서든 만들어졌을 수 있다. 동양에서 만들어져서 아랍 상인이 서양으로 가져갔을 수도, 또는 유럽에서 만들어져 마찬가지로 아랍의 해상 무역을 통해 인도로 전달되었을 수도 있다. 아니면 아랍의 수학자들이 직접 만들어서 아랍 무역을 통해 동양과 서양 양쪽에 다 전파했을 수도 있다. 바크샬리 필사본의 탄소 연대 측정을 해서 괄리오르의 제로보다 훨씬 오래된 것으로 판명된다면 그것으로 문제가 끝날지도 모른다. 하지만 내가 뭐라고 값을 매길 수 없는 유물이 망가질 가능성이 있는 분석을 위해 고집스러운 영국 당국을 설득할 수 있겠는가? 시도해 본 사람들이 있었지만 그때마다 실패했다.

누가 제로를 발명했는지 결코 밝혀낼 수 없을지도 모른다. 연구를 계속 진행하고 싶었지만 더 앞으로 나가지 못하고 있었다. 다른 연구 프로젝트를 찾아봐야 할까? 나는 자문했다. 그때마다 아내 데브라가 나에게 힘이 되어 주었고 계속 노력하라고 격려했다. 그러나 나는 이 주제를 계속 연구할 수 있을 것인지 자신감이 점점 없어졌다. 그야말로 제로에 대해서 아무것도 더 알아낼 수가 없었다. 모든 시도는 무위로 돌아갔다. 이번 탐구에 많은 시간을 쏟아부었던 터라 위축되었고, 화도 나고, 우울해지기까지 했다. 내 마음을 점령한 숫자 말고 다른 연구 주제가 필요할 거라고 생각한 친구와 동료들의 격려를 받은 나는 마지못해 다른 연구 주제를 찾아보기 시작했다.

나는 타협안을 발견했다. 제로는 내 손이 닿지 않는 곳에 있었지만 다른 숫자 체계는 내가 들여다보고 연구할 수 있었다. 에트루리아인–수수께끼에 쌓인 이탈리아계 민족으로, 죽음과 장례 예술에 집착했으며 현대의 움브리아 지역 일부와 투스카니 지역에서 기원전 8세기에서 3세기 사이에 문화를 꽃피웠다–에게는 지금까지 완전히 해독되지 않은 고유의 숫자 체계가 있다. 그래서 나는 새롭게 연구할 마음을 다잡고는 에트루리아의 숫자를 살피기 시작했다. 에트루리아 고고학 유적에서 뼈로 만든 주사위가 발견되었는데 이 주사위가 일에서 육까지 숫자의 모양에 대한 힌트를 제공했다. 숫자는 전부 에트루리아 알파벳으로 되어 있지만 이 알파벳 자체가 해독되지 못했기에 모든 에트루리아 숫자의 모양이 확실하지 않았다. 그야말로 발견된 양이 너무 적어서 명백한 결론을 끌어낼 수 없었던 것이다. 나는 이 사실이 아주 흥미로웠다. 그리고 한 달 동안 집중적으로 작업을 하자 에트루리아 문자와 그리스 문자 사이의 유사성을 식별하는 데 어느 정도 진행이 되었다. 가령 에트루리아어에는 *g*음이 없었다. 그래도 그들은 그리스 문자 감마gamma를 도입해서 자신들의 문자 *C*를 표현했다. 에트루리아 문명이 로마 제국에 흡수된 기원전 첫 두 세기 동안 C는 숫자 100을 의미하게 되어 그리스에서 에트루리아를 거쳐 마침내 로마까지 도달한 우회로가 완성되었다. 이 연구는 재미있었지만 원시의 제로처럼 흥미진진한 탐구는 아니었다.

그런데 예상치 못한 일이 생겼다. 어느 날 데브라와 점심을 먹고 있었다. 그녀는 그 자리에서 최근에 보고 왔던 인도에서 가장 오래된 것으로 알려진 괄리오르의 제로에 대한 이야기를 더 파고들기를 추천했다. 그 당시에는 둘 다 그렇게 되리라 생각하지 않았지만 이 제안은 정체되었던 내 연구에 필요했던 계기가 되었다.

데브라의 제언을 따라 나는 다시 괄리오르의 제로를 살폈고 놀랍게도 브리티시컬럼비아 대학교의 수학자인 빌 카셀만이 온라인에 이 유물에 대해 탁월하게 잘 설명해 놓은 자료를 발견했다. 나는 난데없이 그에게 전화를 걸어 괄리오르에 대한 이야기를 더 해 달라고 부탁했다. 그는 내 전화에 재빠르게 응답했다. 유쾌하고 긴 통화를 통해 나는 그가 숫자의 역사에 대해 대단히 폭넓게 알고 있음을 파악하였다. 또한 그가 유명한 숫자 이론가인 일본계 미국인 프린스턴의 고로 시무라 밑에서 박사 과정을 밟았다는 것도 알았다. 나는 전에《페르마의 마지막 정리》에 대한 책을 쓰면서 그를 인터뷰했던 적이 있었다. 우리 사이에 예상치 못한 연결점이 있었기에 나는 카셀만과 친구가 되기를 바랐다.

그는 팔리오르의 제로보다 앞선 제로가 캄보디아에서 발견되었으며 수십 년 전에 프랑스의 고고학자인 조르주 세데스(George Coedes)가 글을 게재한 게 확실하다고 말했다. 그 발견에 대해 카셀만은 더 아는 게 없다고 이야기하면서 나에게 전말을 찾아보라고 권했다. 그의 이야기를 듣고 의자에서 거의 굴러떨어질 뻔했다. 나는 세데스가 오래전에 라씨가 읽었다던 글에서 나온 고고학자임이 분명하다는 것을 바로 깨달았다. 그의 자취를 마침내, 그리고 이렇게 우연히 만난 것이다.

당혹스러웠다. 왜 그 모든 것을 혼자서 찾아내지 못했을까? 왜 그렇게 여러 달 동안 제로의 역사를 신중하게 들여다보지 않았던가? 더욱 당황스럽게도 나는 프랑스의 연구자인 조르주 이프라가 세데스의 업적에 대해 여러 번 말하고 있는《수의 보편적 기원》이라는 책이 책상 맨 위에 있었지만 완전히 놓쳤다는 것을 나중에야 발견했다. 잠시 동안 가만히 있었다. 믿을 수가 없어서 눈을 비볐다. 어떻게 그렇게 부주의하게 굴 수 있지? 나는 냉장고로 가서 얼음같이 차가운 독주를 한 잔 따랐다. 다시 라씨가 나를 올바른 방향으로 이끌었다. 그가 나에게 가리켰던 방향을 알아내는 데 40년이 걸리긴 했지만 말이다.

나는 다음 몇 주 동안 학계에서는 유명하지만 일반 대중은 잘 알지 못하는, 그러나 수학의 역사에 대해 우리의 이해를 바꿔 준 프랑스의 고고학자이자 언어학자인 조르주 세데스에 대해 미친 듯이 연구했다. 연구를 하면 할수록 세데스는 매력적인 괴짜라는 생각이 들었다. 특히 언어와 해석에 굉장한 재능이 있었는데 편견이 심한 학자들이 저지른 잘못을 바로잡는 일에 깊은 관심을 가졌다. 세데스는 괄리오르보다 훨씬 앞선 제로를 발견해 분석한 글을 게재했으며, 그로 인해 수의 역사에 대한 우리의 이해를 바로잡았다.

그러나 초기 캄보디아의 제로가 있는 세데스의 유물은 그 행방을 잃어버린 것으로 알려졌다. 이제 나는 그것을 다시 찾아서 세상에 내놓아야 한다는 생각이 들었다. 처음으로 알려진 제로, 즉 현대 세상이 숫자의 지배를 받도록 이끈 인간의 위대한 지적 발견이며 유럽이나 아랍이 아니라 동양에서 처음 나왔다는 증거였다.

이제 나는 다시 길을 떠날 준비가 되었고 마침내 출발점을 알게 되었다. 그런데 지금은 잃어버린 것으로 추정되지만 굉장한 발견을 했던 조르주 세데스라는 학자는 어떤 사람이었을까?

조르주 세데스는 1886년 8월 10일에 파리의 품격 높은 16구에서 태어났다. 그가 세 살 때 세워진 에펠탑이 센 강 바로 너머에 있었다. 그의 아버지는 부유한 증권 중개인이었다. 그의 할아버지는 J. 카도스라는 이름을 가진 헝가리계 유대인 이민자로, 프랑스에서 새로운 삶을 시작하기로 결심한 예술가였다. 그는 태어난 헝가리를 떠나면서 이름을 비롯해 모든 것을 버렸고 프랑스식으로 들리는 이름으로 개명했다. 그의 손자인 조르주는 평생 세데스에서 o와 e를 묶어 쓰도록 했고, 두번째 e에 억음 부호(è)를 두었다. 그리고 세데스를 세흐데흐스라고 발음할 것을 고집했다.

파리에서 안락하게 자란 조르주는 아버지가 공부하라고 권한 금융계 직업을 피하고 언어를 공부하기로 했다. 그의 어머니는 스트라스부르의 유대인 집안 출신이었다. 외가는 독일 국경을 접해 지금도 어느 정도 독일어가 쓰이는 프랑스의 알자스 로렌 지방에 오랜 뿌리를 둔 가문이었다. 세데스는 집에서 독일어를 접할 기회가 많았기에 젊은 시절 독일어를 배우기로 결심했다. 스무 살에는 일 년 동안 독일을 여행하면서 독일어를 완전히 익혔다. 얼마나 잘 배웠던지 그가 국경을 지나 프랑스로 돌아왔을 때 경비병이 그가 독일 사람이 아니라 프랑스 사람이라는 것을 믿지 않을 정도였다. 파리로 돌아온 세데스는 언어 교사 자격을 얻기 위해 언어 교육 프로그램에 등록했다.

세데스는 국가 교사 자격시험을 쉽게 통과했고 1908년 5월에 프랑스의 중등 교육 기관에서 독일어를 가르칠 수 있는 자격증을 얻었다. 그러나 20세기 초반 프랑스에 사는 외국 혈통의 유대인들의 삶은 그다지 녹록하지 않았다. 프랑스는 사회를 양극화하고 엘리트와 관료 집단에서 반유대주의를 부활시킨 악명 높은 드레퓌스 재판으로 인해 여전히 어지러웠다. 많은 프랑스 학교들이 눈부신 재능을 지니고 이중 언어를 구사하는 젊은 교사의 임용을 거부했다. 야심만만하고 외골수인 조르주는 포기하지 않았고 수많은 학교에 지원한 뒤 마침내 파리에 있는 콩도르세 고등학교에서 독일어 교사로서 언어를 가르치게 되었다. 그러나 곧 그를 교사가 아닌 다른 길로 이끄는 일이 일어났다.

교직을 시작한지 얼마 되지 않아 군대에 불려가게 된 것이다. 어떤 의미에서는 다행스런 일이었는데 제1차 세계대전이 일어나기 얼마 전인 평화로운 시점에 징집이 되었기 때문이다. 그러나 지난 수십 년 동안과 마찬가지로 그 시기에도 반유대적인 프랑스 육군에서 유대계 젊은 장교로 지내기란 쉽지 않았다. 입대를 위해 떠나면서 그는 사랑하는 부모님과 학교를 방문했다. 그를 본 학생들은 이제 자리를 비우게 될 선생님을 놓아 주려 하지 않았다.

파리에 있던 어느 날, 세데스는 루브르 박물관에서 오후 시간을 보내기로 했다. 루브르를 방문하는 사람이라면 누구라도 이 박물관에 전시된 세계 최고의 풍부한 회화, 조각, 유물에 압도될 것이다. 1909년 초봄, 스물세 살 난 세데스는 루브르에 발을 들였고 근동 지역 유물이 전시된 방으로 갔다. 잠시 뒤 폭풍의 신이 그려진 바빌로니아의 돌기둥 앞에서 발을 멈췄다. 전시 설명을 살펴보던 그는 설명판의 프랑스어와 석조 유물에 있는 기호 사이에서 연관성을 추론해 볼 수 있었다. 글자 몇 개는 의미를 해독하는 것도 가능했다.

세데스는 본인이 드문 재능을 가졌다는 것을 알아차렸다. 약간만 노력하면 그는 천 년이 지난 유물의 돌에 새겨진 글자와 기호로 된 고대 언어의 뜻을 이해할 수 있을 것이다. 동남아시아 컬렉션이 있는 방에 이르렀을 무렵 그는 마음을 빼앗겼다. 고대의 글을 해독하면서 평생을 보내고 싶어졌다.

프랑스인들이 인도차이나라고 불렀던 동남아시아 지역에 식민지를 둔 프랑스는 박물관 컬렉션에 캄보디아, 베트남, 태국, 그리고 라오스에서 온 예술품들과 문서들을 풍부하게 소장할 수 있었다. 제대할 때까지 남은 몇 달 동안 세데스는 시간이 날 때마다 공책과 펜을 들고 파리의 박물관에 가서 그를 매료시킨 고대 캄보디아 언어인 크메르 고어로 된 글을 베껴 썼다. 여섯 달 뒤 세데스는 이 언어에 익숙해졌다. 군대에서 제대한 즉시 파리 고등연구원에 등록한 그는 크메르 고어에 더해서 가장 중요한 인도 언어인 산스크리트어를 배웠다.

그해에 첫 학문 저작을 냈다. 3세기 캄보디아 돌기둥에 산스크리트어와 크메르 고어로 새겨진 내용에 대한 언어를 분석한 것으로, 프랑스 식민지인 베트남의 하노이에서 편집되는《극동 프랑스 학교 기관지》라는 출판물에 실렸다. 프랑스인들이 인도차이나 전역에 세운 교육 및 연구 기관의 이름을 딴 출판물이었다.

1911년 여름, 세데스는 고등연구원에서 박사 학위를 받고 학자로서 첫 일자리를 제의받았다. 그의 첫 글을 출판했던 극동 프랑스 학교에서 하노이의 연구원 자리를 제시했다. 그는 즉각 인도차이나로 향했다.

세데스는 초기부터 신중하고 야심만만하며 결연한 학자였다. 어떤 주제를 연구하면 철저하고 완벽하게 해냈다. 비문 사본, 돌로 된 유물이나 돌기둥의 탁본 등 고대 문서를 완전히 이해할 때까지 몇 시간이고 확인하면서 책상 앞에 앉아 있는 일도 흔했다. 여윈 몸집에 안경을 쓰고 안색이 핼쑥했던 그는 타고난 책벌레처럼 보였다.

영국 학자인 G. R. 케이의 논문을 읽은 세데스는 그가 고약한 사람임을 알아차렸다. 세데스는 케이가 연구자인 자신을 환영하고 바크샬리 필사본을 맨 처음 연구할 수 있게 해 줬던 인도를 얼마나 경멸하는지를 알았다. 케이는 인도 유물에 대한 지식을 활용해 수학에 대한 발견이라는 부분에서 인도가 서양의 뒤를 따랐다는 주장을 펼쳤다. 게다가 고대 그리스의 동전이 인도에서 발견된 것－인도가 그리스와 교역했다는 증거－으로 유럽이 우월하다는 주장을 강화하기까지 했다. 수십 년 동안 그의 주요 연구 주제는 제로와 숫자 아홉 개가 인도에서 발명되었다는 생각을 반박하는 것이었다.

케이는 제로의 확정적인 연대를 추정할 수 있는 유물이 9세기 이전 것으로는 발견된 적이 없으니 우리 숫자는 그리스 혹은 유럽의 다른 곳이나 아라비아에서 인도로 유입되었다는 결론을 강경하게 유지했다. 바크샬리 문서를 연구한 최초의 학자였다는 점에서 그는 학문적으로 영향력을 발휘할 수 있었다. 그는 이 영향력을 공격적으로 휘둘러 다른 학자들에게 그가 인도를 무척 잘 알며 인도인들이 서양을 앞서 숫자 체계를 고안하지는 못했을 거라고 믿게 만들었다. 편견이 심하고 반동양적이던 영국 학자들 사이에서 케이는 많은 동지들을 발견했고, 그의 견해가 지배적인 위치를 차지하기에 이르렀다. 그러나 세데스는 케이가 틀렸다는 것을 증명하기로 결심했다.

세데스는 동남아시아에서 1,000여 년 전에 번창했던 문명을 "인도화"라고 정의했다. 이 문명의 사람들이 힌두교나 불교를 섬기고 인도의 사회 풍습을 따랐으며 인도의 문화적 가치를 지니고 고유 언어 이외에도 산스크리트어를 사용했기 때문이었다. 그는 앙코르 왕국과 참파 왕국을 비롯해 그 지역의 다른 왕조들이 인도의 강한 영향을 받은 것에 주목했다. 그의 견해에 따르면 이것은 사실상 인도의 문화적 확장이었다.

그가 규정한 인도화 문명이 번창했던 서력 기원 초창기의 고대 캄보디아와 인도네시아에서 발견된 숫자를 연구하면서 세데스는 이 문명들이 서양에서 중세 후반에 나타난 숫자를 사용했다는 자신의 이론을 뒷받침할 수 있었다. 세데스가 분석한 8세기와 9세기의 많은 비문에서 숫자가 발견되었다. 그러나 인도에서의 연구도 숫자의 핵심적 요소, 즉 괄리오르에서 발견된 제로를 확인했다. 어쩌면 돌 비문이 다량으로 발견되는 이 인도화 문명의 유적에서 괄리오르의 제로에 앞서는 제로를 발견할 수 있을지도 모르겠다고 생각했다. 한편 그는 대부분의 시간을 1,000년 전에 캄보디아 서부에서 일어났던 경이로운 문화를 연구하면서 보내고 있었다. 이것은 바로 전설적인 앙코르 문명이었다.

앙코르 와트는 전세계에서, 지금까지 지어진 대성당과 바실리카를 전부 감안해도 가장 큰 사원 또는 종교 건물이다. 이 거대하고 아름다우면서 건축학적으로도 독특한 힌두교 사원은 파리의 노트르담 성당이 완공되던 무렵인 11세기에 캄보디아 서부의 씨엠립(승리자 시암)이라는 도시 근처에 지어졌다. 특이하게도 서쪽을 향하는데 이것은 동양의 다른 사원들과는 반대 방향이다. 이것 때문에 수십 년 동안 학자들이 곤혹스러워했다. 이에 대한 설명 중 하나는 이 사원이 힌두교에서 서쪽의 신인 비슈누에게 바쳐졌기 때문이라는 것이었다. 9세기에 그 위대한 사원을 지은 크메르 제국의 도시인 앙코르의 수립은 동남아시아 역사에서 기념비적 사건이었기 때문에 역사학자들이 캄보디아의 전체 연대표를 밝히는 데 도움이 되었다.

앙코르 이전: 맨 처음부터 8세기까지

앙코르: 9세기에서 13세기까지

앙코르 이후: 14세기부터 21세기까지

강력한 앙코르 문명이 일어선 지역은 고대에 여러 영역으로 쪼개져 있었는데 제각기 독립적이거나 반독립적인 왕국이었다. 이 시기의 동남아시아 지역 왕국으로는 현대의 미얀마(버마)인 첸라(진랍)와 현재의 베트남과 대충 비슷한 영토를 차지한 참파, 그리고 중국 기록에는 후난이라고 언급된('수진랍'이라는 기록도 있다) 9세기의 캄보디아가 있었다.

인도의 카주라호처럼 앙코르 와트도 크메르 제국이 없어지면서 정글 속으로 사라졌다가 19세기 프랑스 탐험가들에 의해 다시 발견된 것으로 추정된다. 적어도 서양에서는 앙코르 와트에 대해 이렇게 이야기한다. 1846년에 프랑스 선교사인 샤를 에밀 부유보 신부가 잃어버린 거대한 전설의 도시 앙코르와 사원을 재발견했다. 5년 뒤 프랑스 탐험가인 앙리 무오가 현장을 찾아가 그 지역의 크메르 유적을 자세하게 관찰했다.

그 자체에 성적으로 노골적인 이미지는 없었지만 앙코르 와트에는 압사라라는 반신 또는 요정들이 반쯤 벌거벗은 유혹적인 모습의 여자 조각 수천 개가 장식되어 있다. 앙코르 와트나 캄보디아의 다른 곳에 있는 비문들에는 날짜와 제물로 바쳐야 하는 동물의 숫자 및 가로, 세로, 높이 등 숫자 정보가 상당히 많이 들어 있다. 역시 고대 동남아시아 사원에는 성과 수학의 상징이 가득 있는 것처럼 보였다.

앙코르에 대한 연구를 바탕으로 조르주 세데스는 앙코르 와트에 대해 거의 완벽한 책을 써냈다. 제목은 단순히 《앙코르》였다. 심지어

이 책은 오늘날까지도 고대 캄보디아의 잃어버린 문명에 대한 가장 포괄적인 논문이라고 할 수 있다. 세데스는 앙코르 와트가 1,000년 전에 인도 남부에서 비롯된 드라비다 건축 양식의 극치라고 설명했다. 사원 자체는 신화 속에 나오는 힌두 신들의 고향인 메루 산을 상징한다고 한다. 따라서 신이 지상에 거주하는 곳이었다.

세데스는 언어학자들이 크메르 고어가 수천 년 된 것으로 태국을 앞선다는 사실을 밝힌 것을 알게 되었다. 동남아시아의 토착 문화는 발전을 거듭해 적어도 1세기에 인도 문명과 처음으로 접촉을 하는 때보다도 1,500년 전에 청동 만드는 법을 알았다. 이 지역이 사고와 실천에서 인도와 중국의 영향을 받기 시작한 것은 2세기와 3세기부터였고, 곧 지역 전체로 전파되었다. 그는 당시의 중국 기록에 메콩 강 하류에 있는 후난과 메콩 강에서 훨씬 내륙으로 들어가는 첸라가 언급된다는 것도 알았다. 사실 역사적으로 이 지역에서 자랐던 문명에 대한 언급 자료는 이것밖에 없다.

8세기에 캄보디아는 내전에 시달렸지만 크메르에서 가장 위대한 왕으로 여겨지는 자야바르만 2세가 한 세기 뒤에 왕국을 통일하고 지금 앙코르라고 부르는 시대를 세웠다. 다음 4세기 동안 캄보디아의 앙코르 문명이 라오스, 태국의 일부 및 베트남 남부를 점령하는 일이 잦았다.[35] 그들은 곧 득세해서 영향력을 떨치고 동남아시아에서 두드러진 세력이 되었다.

세데스의 연구가 갈수록 더 고대 크메르 사원들의 비문에서 발견한 숫자 정보에 초점이 맞춰지면서 그는 연구 목적을 설정했다. 바로 괄리오르를 앞서는 제로 기호가 있는 비문을 찾아내는 것이었다. 그것을 해낼 수 있다면 그는 케이의 이론을 논박할 수 있고, 현대의 숫자 체계가 인도 또는 앙코르나 그에 앞선 왕조처럼 인도화된 문명에서 유래되었다는 것을 증명할 수 있다. 하지만 그는 그런 비문을 찾을 수 없었다. 그럼에도 그는 캄보디아에서 수백 개의 고대 돌기둥을 찾아내고 번역했다. 그러던 중인 1929년에 그는 수의 역사에서 가장 충격적인 발견을 하게 되었다.

프놈펜에서 북동쪽으로 약 300킬로미터 떨어진 메콩 강 유역의 나무로 우거진 곳에 7세기부터 지어진 일단의 사원들이 있다. 물살이 거센 지역이다. 지금 이 사원들은 폐허이지만 여기서 발견된 예술은 – 작은 띠 모양 장식과 기하학적 디자인을 사용해서 문틀 가로대와 출입구에 새겨진 장식에서 보이는 – 독특한 "메콩 삼보르" 예술 양식으로 일컬어진다. 프놈펜의 북동쪽, 씨엠립의 약 2/3 되는 거리에 다른 삼보르가 있다. 삼보르 프레이 쿡이라는 더 크고 고유의 건축과 예술 양식을 자랑하는 유적으로 역시 7세기의 것으로 추정되기에 앙코르 이전 시대의 것이 분명하다.

아데마르 레클레르라는 이름을 가진 프랑스의 고고학자가 1891년 메콩 삼보르에 있는 트라팡 프레이 사원의 유적에서 연구를 하다가 크메르 고어로 된 돌 비문 두 개를 발견했다. 훨씬 나중에 이 비문이 조르주 세데스의 주목을 끌었고 그는 K-127과 K-128이라는 코드를 붙였다(세데스가 연구하고 출판하고 목록을 정리한 많은 비문은 K로 시작하고 숫자가 뒤따르는 표기법으로 식별이 가능하다).

세데스는 K-127을 번역하기 시작했다. 이 비문은 거의 온전한 상태로 남아 있었다. 꼭대기 부분은 일부 깨졌지만 비문 대부분이 또렸했고, 완벽하게 판독 가능했다. 그는 비문을 읽으면서 자신이 찾아 헤매던 바로 그것이 앞에 있음을 깨닫고는 까무러칠 뻔했다. 기념비적인 발견이었다. 제로가 들어 있었던 것이다! 그리고 비문이 있던 사원의 컬렉션은 언어 구조로 볼 때 이미 7세기—앙코르 제국이 절정에 달했던 때로부터 500년 전, 그리고 괄리오르의 제로보다 200년이나 전—로 연대가 추정되었다. K-127은 가장 보존이 잘 된 사원인 트라팡 프레이의 내부에서 나왔다. 하지만 세데스는 K-127의 연대를 추정하기 위해 언어 분석을 할 필요가 없었다. 날짜가 바로 그 비문에 있었다. 그것은 다음과 같다.

çaka parigraha 605 pankami roc…….

번역하자면 이런 내용이다.

하현달의 다섯 번째 날에 사카 시대 605년에 달했다…….

세데스는 78년부터 사카가 첫 번째 왕이 지배하기 시작한 왕조라는 사실을 알고 있었다. 그러니 비문의 날짜를 우리 달력으로 하면 605+78=683년이었다. 글과 숫자는 크메르 고어로 되어 있었지만 세데스는 이 언어에 아주 능했기에 얼마 되지 않아 번역을 해냈다. 제로–그가 아는 한 역사상 최초인–를 뚜렷하게 알아볼 수 있었는데 형태상 인도의 제로와 약간 다를 뿐이었다. 원 모양이 아니라 점이었다. 683년은 괄리오르의 제로보다 두 세기나 오래된 시기였기 때문에 세데스는 이제껏 찾아 헤매던 증거를 손에 넣었다.

세데스는 매우 흥분했다. 그것은 끝내 수의 역사에 대한 우리의 이해를 바꿔 놓을 것이기 때문이었다. 1931년에 그는 숫자의 기원에 관해 지금까지도 가장 중대한 것으로 여겨지는 논문을 냈다. 〈아라비아 숫자의 기원에 대한 설명〉이라는 제목의 이 논문은 1931년 〈동양 연구 학교 기관지〉에 실렸다.[36] 이 논문은 이른바 힌두 아라비아 숫자의 출현에 대한 세상의 이해를 뒤집었다.

세데스는 이렇게 썼다.

"M. G. R. 케이는 '우리는 현대의 자리 값 표기 체계가 인도에서 사용된 가장 빠른 시점을 9세기로 하라는 강요를 당해 왔다'고 주장해 왔다."[37]

그런 다음 그는 케이의 가설을 완전히 깨부순다. 그는 삼보르 발견이 이런 이해를 어떻게 바꾸는지 보여 주었다. 이 첫 제로가 두 세기 앞서 인도 본토가 아닌 캄보디아의 인도화된 문명에 나타났다.

세데스 논문 출판에 앞서 소식을 들은 케이는 이번 발견의 중요성을 부인하려 애썼다. 케이는 그 사례가 한 가지뿐이기 때문에 의문의 여지가 남아 있다고도 했다. 그러나 세데스는 자신의 논문에 제시할 추가 증거를 이미 준비해 두고 있었다.

인도네시아의 남수마트라 주에 있는 팔렘방에서 또 다른 놀라운 발견이 있었다. 1920년 11월 29일 프라사스티 케두칸 마을 외곽의 언덕에서 거칠게 깎인 둥그스름한 돌이 발견되었는데 돌에 이런 비문이 새겨져 있었다.

"축하합니다. 과거 사카 604년 반달 빛의 열한 번째 날에…… 20,000까지 배 공급량이 늘어난……312척이 무카 우판에 옵니다……."[38]

그렇다. 캄보디아의 제로보다 한 해 늦은 제로가 발견된 것이다. (캄보디아와 인도네시아의 사카 시대는 두 해 차이가 나기 때문에 한 해 빠른 게 아니라 늦은 것이 맞다.) 두 번째로 오래된 제로가 있는 이 돌 비문은 여전히 팔렘방의 박물관에 가면 볼 수 있다. 그것을 만든 것은 한때 수마트라와 인근 섬들에서 번성했다가 몇 안 되는 자취만 남기고 사라진 또 다른 인도화된 문명이었다.

수마트라의 발견은 세데스에게 인도화 문명의 제로가 오래된 것을 증명하고 케이와 그의 추종자들에게 결정적으로 맞설 수 있는 두 번째 확증이 되어 주었다.

나는 세데스의 발견 이야기에 마음을 빼앗겼다. 하지만 나는 자리 값인 제로가 동양에서 만들어졌다는 그의 첫 증거가 사라졌다는 것을 알고 있었다. 내가 그것을 다시 발견할 수 있을까?

11

크메르 루즈가 거의 200만 명의 캄보디아인들을 죽인 것 말고도 적어도 10,000개가 넘는 고고학적 유물을 파괴하거나 약탈했던 것을 나는 알고 있었다. 1960년대 후반에서 1970년대, 그리고 그 이후까지 캄보디아에서 일어난 일은 제2차 세계 대전 중에 나치 치하의 유럽과 문화대혁명 기간 중에 중국에서 일어났던 일과 비슷하다. 1968년에 북베트남의 영향을 받아 시작되어 온 나라를 지배하게 된 공산주의 정권이 수립되었다. 이 정권을 이끈 것이 프랑스어 이름인 크메르 루즈로 잘 알려진 적(赤) 크메르였다.

폴 포트를 수장으로 한 캄보디아 공산주의 정부의 지도자들은 지식인이 득세하는 나라를 쓸어버리고 전국적으로 농업 혁명을 가져올 사회 공학 프로그램을 시행하려고 했다. 마오쩌둥이 중국에 대해 가졌던 꿈과 유사했다. 그러나 그들이 사용한 방법은 동시대 중국의 것보다 훨씬 잔혹했다. 여기서 나치와 비슷한 점이 보인다. 정권의 지배가 정점에 달했던 1974년에서 1979년 사이에 크메르 루즈는 같은 캄보디아인 수천 명을 고문하고 나라 전체 인구의 1/4을 학살했다. 악명 높은 킬링필드에서는 전체 인구 730만 명 가운데 170만에서 200만 명이 사망한 것으로 추정된다. 심지어 오늘날에도 캄보디아 사회는 30년도 더 전에 온 국민들을 대상으로 자행된 충격적인 경험에 깊은 상처를 입고 있다.

크메르 루즈는 문화, 예술, 과학 등 모든 지적인 추구에 반대했고 고고학적 유물과 예술품과 기념비를 비롯한 캄보디아 문화 역사의 상당 부분을 고의적으로 파괴했다. 캄보디아에 가면 크메르 루즈가 악의적으로 훼손하거나 산산조각내 버린, 오래된 조각상들을 수백 개씩 볼 수 있다.

나는 우리 숫자 체계에서 처음으로 알려진 제로가 있는 캄보디아 K-127 유물이 이제는 존재하지 않을지도 모른다는 의심을 했다. 크메르 루즈가 고고학적으로 중요한 다른 많은 발견들을 파괴했듯이 K-127도 파괴했을 가능성이 있었다.

그러나 나는 가능성이 낮다고 해도 이 중요한 비문을 찾는 노력을 해 보기로 굳게 결심한 터였다. 나는 확실하게 세상을 바꾸어 놓은 먼 옛날의 지적 발견을 상징하는, 이 어마어마하게 중요한 아이콘에 다시 세상이 주목하게 만들고 싶었다. 그리고 나는 역사 이해에 있어서 20세기 초반 서양이 가진 편견에 맞서는 데 사용되었던 이 독특한 고고학적 발견물을 다시 전시하고 싶었다. 그런 심한 편견으로 가득 찬 추한 머리를 다시 곧추세우지 못하게 만들고 싶었다. 우리는 반복하기 않기 위해 역사를 알아야 했다. 그리고 기억하기 위해 처음 출현했다고 알려진 제로의 증거를 볼 필요가 있다. 나는 이 잃어버린 유물을 찾는 것에 전념하기로 했다.

나는 몇 주 동안 쉴 새 없이 뉴욕에 있는 알프레드 P. 슬로언 재단으로 보낼 연구 제안서를 쓰는 데 몰두했다. 나는 이 발견물이 과학 역사에서 얼마나 중요한지에 대한 의견과 다시 비문을 찾아내서 그것을 낳은 문명과 더불어 추가적인 연구에 파고들어야 할 필요성을 제시했다. 나는 현재 숫자 체계에서 자리 값인 숫자이자 개념으로서 제로라는 발상이 역사상 가장 중요한 것 가운데 하나라고 설명했다. 세데스가 맨 처음 제로를 어떻게 발견하고 연구했는지, 그리고 캄보디아의 기념비적 발견으로 제로가 동양적 발상에서 나왔으며 이후 서양으로 진출했다는 것을 어떻게 증명했는지 묘사했다. 또 지금은 사라진 그 유물을 다시 찾는 것이 사회에 얼마나 큰 가치가 있을지 설명했다. 고고학 학자들, 그리고 일반 대중에게 우리 역사의 실체를 되찾아 주는 작업이었다. 재단이 내 주장에 동의하고 나에게 연구 보조금을 지원해 주었다.

슬로언 재단의 아낌없는 도움을 받은 나는 2013년 1월 초에 캄보디아로 향했다. 이번 여정은 고고학, 수학, 예술, 국제적인 모의, 인간의 교묘한 속임수가 함께하는 고된 길이 될 터였다.

여행을 준비하기 위해 나는 남아시아와 동남아시아의 종교, 철학, 신학에서 발전된 무한이라는 개념을 더 잘 이해할 필요가 있다고 생각했다. 크메르 문화에서 보듯 힌두교의 신인 비슈누가 떠 있는 무한한 바다라는 개념은 인공 호수에서 나온 것이다. 앙코르 왕조에 앞선 문명에서 만들어진 바라이라는 매우 큰 인공 호수는 현지 신화 속에 나오는 태고의 무한한 바다를 표현한 것이다. 비슈누는 락쉬미가 깨울 때까지(4장 참고) 여기서 아난타의 등에 누워 끝없는 잠에 빠져 무한한 바다를 떠다닌다. 그리고 그의 자손인 브라마가 원래 있던 무한에서 뛰쳐나와 시공간을 창조한다.

실제로 이런 믿음에 대한 역사적인 증거가 몇 가지 있다. 1296년 앙코르를 방문한 주달관이라는 이름의 중국인이 남긴 기록에 따르면 한번은 커다란 비슈누 신상이 앙코르에 있는 바라이 호수에서 나왔다고 한다. 비슈누 신상의 배꼽에서 흘러나오는 물은 브라마의 탄생을 뜻했다.

그러나 사실 주달관의 실제 기록은 이 조각상이 부처라고 설명한다. 앙코르 문명에 대한 역사적 기술로 현재 유일하게 남아 있는 이 보고서에서 발췌한 내용은 아래와 같다. 현지에서 있었던 고고학적 발견과 딱 일치하는 내용이다.

> 시내를 에워싼 성은 거의 11킬로미터에 달한다. 성에는 똑같이 생긴 문이 다섯 개 있고, 각문 옆에는 측문이 두 개씩 있

다. 한 방향에 문이 한 개씩 있는데 동쪽에만 두 개가 있다. 각 문 위에 돌로 된 부처님 머리가 다섯 개씩 있는데 얼굴이 서쪽을 향하고 있으며 한가운데에 있는 얼굴은 금으로 장식되어 있다. 문의 양 옆에는 돌로 새긴 코끼리들이 자리하고 있다. 동문을 열어 놓고 그 외에 측면으로 하나의 문이 더 있다. 성곽 바깥쪽에는 커다란 호수가 있고, 그 호수의 위에는 성으로 통하는 커다란 다리가 놓여 있다. 다리 양쪽에 각각 돌로 만든 54개의 악마상이 있는데 장군들의 조각상처럼 강하고 무섭게 생겼다. 돌로 만든 다리 난간에는 머리가 아홉 개 달린 뱀이 새겨져 있다……. 금탑에서 북쪽으로 500미터 가량 가면 더 높은 동탑이 있는데 여기서 보이는 경관이 진정으로 장관이다. 그 밑에도 작은 집이 10여 채가 넘게 있다. 또 그곳에서 북쪽으로 500미터를 더 가면 거기가 국왕이 사는 왕궁이다. 왕의 침소에도 금탑이 하나 붙어 있다……. 동쪽 성벽에서 5킬로미터 떨어진 곳에 있는 동쪽 호수는 둘레가 50킬로미터가 넘는다. 이 호수 위에 돌탑과 작은 돌집이 있다. 탑 안에는 잠을 자는 모습의 불상이 있는데 부처님의 배꼽에서 물이 계속 흐른다.[39]

아마 원래는 브라마가 비슈누의 배꼽에서 나왔다는 이야기와 일치하는 비슈누 신상이었을 것이다. 어쩌면 주달관의 말대로 불상이었을지도 모른다. 힌두교와 불교는 동남아시아의 역사에서 들락날락을 거듭한다. 여러 세기에 걸쳐 한 종교가 득세했다가 다시 뒤집어지기를 반복했다.

힌두교의 세상 파괴자인 시바는 이 시기의(그리고 앙코르 이전 시대에서도) 예술에서 흔히 난디라는 이름을 가진 황소의 등에 타고 있는 모습으로 묘사된다. 난디의 아주 멋진 조각상이 7세기 삼보르 프레이 쿡에서 발견되었다. 세데스의 첫 제로가 담긴 비문과 같은 시대이다. 이 조각은 지금 프놈펜에 있는 캄보디아 국립 박물관에 전시되어 있다.

반면 비슈누는 그가 원하는 어떤 곳으로든 데려가는 신화 속의 새 가루다의 등에 타고 있다. 힌두교에도 천국과 지옥이 암시되어 있다. 야마는 망자들의 지배자인데 사후에 망자가 천국에 갈지, 지옥에 갈지를 결정한다. 힌두교의 이런 측면은 천국과 지옥의 존재가 매우 중요한 기독교를 연상시키지만 동양에서 그런 개념은 훨씬 모호하고 많이 강조되지 않는다. 다른 신들도 있다. 데비는 3대 주신으로 많은 사람들에게 숭배를 받는다. 가네샤는 반은 코끼리이고 반은 인간인 모습으로 장애물을 없애 주는 신이라고 한다. 많은 인도 상인들이 가네샤를 숭상한다. 수리야는 태양이며 찬드라는 달인데 태양과 달이 신으로 여겨지는 것은 힌두교, 불교, 자이나교에 앞서 존재했을 애니미즘 종교를 떠올리게 한다.

또한 태양신 라가 있던 고대 이집트 종교와 태양과 달이 중심적인 역할을 하는 중앙아메리카의 종교도 연상된다. 이집트 전역에서—상이집트와 하이집트 둘 다 영토로 삼았던—수단에 이르기까지 태양신은 가장 중요한 신이었다. 2011년에 수단의 나일 강 강변 메로에 섬에서 지금까지 알려지지 않았던 사원이 발견되었다. 이 사원의 연대는 대략적으로 기원전 300년에서 기원후 350년 사이로 추정되었다. 사원의 방향은 태양 빛이 일 년에 단 두 번만 직접 관통하는 쪽이었다. 이런 이유에서 고고학자들은 그 사원이 라에게 바쳐졌다고 추정했다.[40]

이제 이 지역에서 역사를 통틀어 힌두교와 함께 존재했던 불교로 돌아가 보자. 불교 역시 인도에서 나왔는데 동남아시아에 많은 신자들이 있었다. 앙코르의 위대한 왕 자야바르만 7세(1125~1218)는 크메르 제국에서 중요한 영향을 끼친 왕이었다. 그는 대승 불교의 독실한 신자로 고통을 덜고 질병을 치료하는 자비로운 부처님에 대한 믿음을 늘 드러냈다. 그는 신들 중에서 부처를 으뜸으로 놓고 힌두 신들은 부수적인 위치에 두었다. 이 시기의 부처 이미지에는 나가가 들어간 경우가 흔하다. 나가는 일곱 개의 머리를 가진 코브라로, 부처는 그 위에 앉아 있다. 대승 불교와는 다른 종류인 소승 불교는 현재 아시아의 아주 많은 지역에서 인기 있는 종교이다. 불교는 고통을 더는 것과 명상과 깨달음 또는 열반에 이르는 목적에 관심을 둔다. 이 종교에는 신이 없지만 부처님의 삶이 신자들에게 좋은 사례가 된다. 물론 내가 언급했던 것처럼 불교에서 중요한 개념이 공, 즉 슈냐타이다.

아마 이것이 제로라는 수학적 발상으로 인도했을 것이다.

자이나교는 여전히 동양, 인도, 그리고 아시아의 다른 지역에서 신봉되는 세 번째 종교이다. 이 신앙은 윤회를 중시하며 신자들은 굉장히 엄격한 생활 방식을 따른다. 망자의 영혼이 어떤 생명체에도 깃들 수 있기 때문에 자이나교 신교들은 모든 육류를 먹지 않으며 아주 작은 곤충조차 죽이지 않으려 노력한다. 자이나교도들은 (불교도들이 그러했듯이 부처님 자신이 수학자였다) 초기에 수학에 큰 관심을 가졌고, 극도로 큰 숫자에 흥미가 있었다. 그들은 거듭제곱의 개념을 알았고, 거듭제곱을 하면 숫자가 엄청나게 빠른 속도로 커진다는 사실을 깨달았다. (심지어 현대의 우리도 같은 맥락에서 기하급수적으로 커진다는 표현을 사용한다.) 그래서, 가령 60 같은 숫자가 지닌 힘과 비교하면, 10이 가진 아주 강력한 힘은 자이나교의 역사 초기, 〈바그와티 수트라〉에서 입증되었듯이 적어도 4세기부터 사상가들에게 계속 관심의 대상이 되었다.[41]

3대 종교가 함께 서양에는 훨씬 나중인 중세 후반까지 도달하지 않은 개념을 우리에게 전한다. 제로와 무한과 유한하지만 극도로 큰 숫자가 그것이다.

그래서 나는 극단의 숫자 개념인 제로, 무한, 아주 큰 숫자가 동양 고유의 발상이라는 것을 더욱 확신하게 되었다. 이런 개념이 생기려면 동양적 논리와 동양적 사고방식이 필요했을 가능성이 아주 높았다. 우리가 현재 사용하는 정교한 숫자 시스템에 마지막으로 점을 찍은 것은 다른 세계관을 가진 동양이었다. 나는 이 가설을 뒷받침할 증거를 더 찾아냈다.

나가르주나의 글로 돌아가 더욱 면밀하게 검토하면서 아래와 같은 시를 찾았다.

그것이나 다른 것에서 나오지 않으며
둘 다도 아니며
이유 없이도 아니며
무엇이든 어느 곳에서든 생긴다.[42]

이것은 린턴이 위상으로 분석했던 카투스코티(사방) 또는 테트랄레마인 "참인, 참이 아닌, 둘 다인, 둘 다 아닌" 논리의 변종이다. 그런데 나가르주나는 계속해서 "열반의 고찰"로 이어간다.

이 모든 것이 비어 있다면
생기는 것도 죽는 것도 없다.
버리거나 멈춰서
열반에 이르길 바라는가?
이 모든 것이 비어 있지 않다면
생기는 것도 죽는 것도 없다.
버리거나 멈춰서

열반에 이르길 바라는가?[43]

여기서 그는 공, 슈냐타로 다시 돌아간다. 나가르주나는 모든 사고를 할 때 공을 중시했던 것 같다. 그리고 그것은 카투스코티 논리에 대한 관심과 밀접하게 얽혀 있다. 나가르주나는 슈냐타를 모든 불교에서 근본이 되는 개념으로 보았기 때문에 슈냐타에 대해 많은 저작을 남겼다. 그러면서 그는 카투스코티 논리를 슈냐타와 연결시켰다. 그는 우리를 절대 제로라는 발상으로 인도하기 위해 두 개념을 얽었던 것일까?

불교 작가인 틱낫한은 공의 개념을 더욱 명쾌하게 밝힌다.

해방이 첫 관문이 공, 슈나타이다.
공은 언제나 뭔가를 비우는 것을 뜻한다.
공은 존재와 비존재의 중도이다.
현실은 존재와 비존재라는 개념을 넘어선다.
진정한 공은 존재와 비존재를 넘어서기 때문에 "경이로운 존재"라고 불린다.
공에 집중하는 것은 있는 그대로의 삶과 접촉하는 방식이지만 말로 되는 것이 아니라 수행을 해야 한다.[44]

이런 개념에 집중하면서 나는 위에 인용한 구절에서 존재=1, 비존재=-1, 공=0으로 읽을 수 있을 것 같았다. 공이 비존재에서 존재로 가는 관문이라면, 마찬가지로 제로는 양수에서 음수로 가는 전달자이다. 수직선에서 상대를 기하학적으로 완벽하게 반사하도록 설정된 존재이다.

그러나 이제 나는 잃어버린 동양의 제로를, 정말이지 그게 아직 존재한다면 반드시 찾아야 했다. 나는 1931년 조르주 세데스가 이 제로를 활용한 독창적인 논문으로 케이의 주장을 격파할 수 있었다는 것을 알고 있었다.[45] 실제 세데스는 논문에서 새로 발견된 제로 두 개를 제시했다. 연대가 684년인 인도네시아 팔렘방에서 발견된 제로와 그보다 한 해 빠른 메콩 삼보르의 크메르 사원의 비문이었다. 논문에서 삼보르 발견물은 비문 K-127에 있다고 했다. 세데스가 사용했던 K 표기법은 유물을 찾는 탐구에서 나의 주요 단서가 되어줄 것이었다.

K-127과 팔렘방 유물이 중요한 것은 두 제로가 *중동의 모든 아랍 제국*을 *앞선다*는 사실 때문이다. 따라서 아랍과 유럽의 교역을 통해 유사한 지식이 전달되었을 가능성이 배제된다. 유럽의 어떤 제로도 그 두 발견물보다 이른 것은 없기 때문에 제로를 발명한 것이 서양인지, 아니면 동양인지에 관한 문제는 해결되었다. 더욱이 초기 제로 두 개가 발견된 위치는 인도보다 더 동쪽이므로 제로가 유럽이나 아라비아에서 왔을 가능성은 더욱 가능성이 적은 일이 되었다. 유럽이나 아라비아에서 왔다면 왜 인도에서는 더 시기가 이른 제로

가 발견되지 않았고—괄리오르 제로보다 두 세기나 앞서는—두 제로가 둘 다 수천 킬로미터나 더 동쪽에서 발견되었을까? 나는 없어진 K-127을 찾아야 했다.

그러나 실제 유물의 행방은 알려져 있지 않았다. 세데스의 논문에는 제로가 점으로 표시된 크메르 숫자 605가 있는 부분의 탁본은 실려 있었지만 그 유물의 실제 사진은 없었다. 사실 1990년에 크메르 루즈의 폭력이 부활하는 바람에 원래 1970년대에 무너뜨렸던 1만 개의 유물 외에도 다른 많은 유물들을 강탈당했기 때문에 현장의 학자들은 암묵적으로 K-127이 사라졌다고 추정했다. 인류의 가장 창의적인 발명품 가운데 하나가 담긴 이 기념비적 증거를 다시 찾아 되살릴 수 있을까?

내가 아는 것이라고는 1930년대에 트라팡 프레이 명판(K-127)이 캄보디아 국립 박물관에 있었지만 많은 주목을 끌지 못했다는 사실뿐이었다. 조르주 세데스가 사망한 뒤 여섯 해가 지난 1975년 폴 포트와 크메르 루즈가 캄보디아를 접수했고, 곧 온 나라의 박물관과 고고학 유물 보관소를 쓰레기장으로 바꿔 놓았다. 상당한 유물들이 완전히 사라지거나 알아볼 수 없게 되어 버렸다. 나는 사라진 비문을 찾으려는 사명을 띠고 캄보디아로 향했다.

12

보스턴에서 캄보디아로 가는 여정의 중간에 여동생을 만나기 위해 이스라엘에 들렀다. 암에 걸린 뒤 서양식 치료를 받지 않은 지 6년이 지난 일라나는 신수가 훤해 보였고 건강 상태도 괜찮다고 말했다. 그 말을 듣고 안심이 되었다. 그리고 다시 한 번, 다른 각도에서 동양과 서양의 차이에 주목하게 되었다.

서양 의학은 암을 독한 화학 물질과 강한 방사선을 이용해 싸워서 이겨야 할 대상으로 생각한다. 두 가지 모두 암세포와 마찬가지로 정상 세포도 죽이고 몸의 면역 체계를 약하게 만든다. 건강과 질병에 대해 보다 온화하고 전체적으로 접근하는, 서양처럼 반드시 자연 과학과 통계의 지배를 받지는 않는 동양의 논리는 명상과 한약과 더 자연적인 방법을 처방한다. 적어도 여동생의 경우에는 동양적 방식이 효과가 있는 듯 보였다. 나는 일라나가 비논리적으로 접근한다는 생각에 동생이 왜 그렇게 잘못된 생각을 하게 되었는지 이해하려고 논리에 관한 책을 샀던 때를 회상했다. 이제 일라나에게도 나름대로 논리가 있었고, 그것은 그저 서양식 선형 논리가 아니었다는 결론을 내리게 되었다. 보아하니 그녀의 논리가 이기고 있는 모양이었다.

일리나와 나는 항구를 보러 하이파 시내로 나갔다. 오랫동안 아버지의 여객선이 고향에 돌아올 때마다 정박하던 곳이었다. 한때 항만으로 가는 큰 문 옆에 있던 옛 세관 건물은 사라지고 없었다.

"여기 뭐가 있었는지 기억나?"

동생이 물었다. 나는 기억이 난다며, 없어져서 깜짝 놀랐다고 말했다. 항구의 새 입구는 눈에 덜 띄는 다른 장소로 이전했고 옛 세관 건물은 완전히 사라지고 없었다.

우리는 옛 항만 문까지 이어지는 큰 길을 따라 걸었다. 수많은 승객들이 참기 힘들 정도로 덥고 답답한 오래된 나무 건물에서 철저한 세관 검사를 받고 나서 통과하던 바로 그 문이었다. 모퉁이를 돌자 여동생이 아이패드와 아이폰의 모조품들과 여러 가지 복제품들을 파는 대형 전자 제품 가게를 가리켰다.

"오빠가 기억나는지 모르겠는데 옛날에는 여기서 스테레오랑 트랜지스터라디오를 팔곤 했지. 그때 인기 있던 전자 제품들 말이야."

그녀가 추억에 잠겼다. 그래, 기억이 난다고 나는 대답했다.

"그리고 오빠도 알겠지만 그 사람은 밀수한 물건들을 전부 여기서 팔았어."

"그 사람? 누구?"

"라씨 말이야."

그녀가 헝가리 혈통만이 가능한 발음으로 그 이름을 말했다.

"라씨가 밀수꾼이었어?"

나는 믿을 수가 없어서 되물었다.

"어머, 오빠는 몰랐어? 라씨가 왜 아빠 옆에서 그렇게 오래 일했겠어? 존경이나 헌신 때문이 아니야. 전부 돈 때문이었다고."

동생은 아버지가 항해를 하지 않게 된 뒤에도 항해에 관한 것들을 가까이했다. 나중에는 아버지가 일했던 선박 회사인 짐라인에서 일을 하기도 했다. 동생이 말했다

"선장의 여행 가방은 절대 열지 않거든. 선장을 존중하는 마음에서 말이야. 오빠도 아마 기억날 거야. 여행 가방들을 가지고 세관을 통과하는 사람은 바로 선장의 급사인 라씨였지. 아버지가 혼자 배에 탈 때면 아버지 가방이 작았어. 제복은 배에 있고 평상복은 집에 있는 데다가 사는 물건도 거의 없으니 그보다 큰 가방은 필요가 없었지. 하지만 우리 가족이 함께 타면 큰 여행 가방이 여러 개나 되었어. 라씨는 보통 어머니의 가장 큰 여행 가방에 뭘 숨기고는 우리 짐을 다 가지고 세관으로 갔어. 세관은 늘 확인도 안 하고 통과시켰고. 그 다음에는 이 가게 바로 뒤에 있는 골목에서 숨긴 물건을 꺼내서 가게 안에 들어가서 팔았던 거야. 그런 일이 몇 년이나 계속되었지."

"엄마는 그런 사실을 알긴 했어?"

나는 폭로된 사실에 여전히 충격을 받은 채 질문했다.

"우리가 자랄 때 늘 함께 있었던 이탈리아 라디오 마렐리의 멋진 스피커 기억나? 그게 어디서 났을 것 같아?"

나는 짐작도 되지 않는다고 말했다.

"오빠가 신뢰하는 수학 선생님 라씨가 한번은 계산을 잘못 했던 거야. 늘 우리를 산 위에 있는 집까지 태워다 주던 택시가 한번 너무 빨리 도착한 적이 있었어. 여행 가방을 택시에 실어야 했던 터라 라씨가 밀수품을 꺼낼 시간이 없게 되었지."

"놀랍다."

"라씨가 스피커를 돌려 달라고 한 적은 없었어. 물론 그럴 수 없었겠지. 내 생각에 엄마는 아마 여러 해 동안 엄마의 여행 가방을 불법적으로 쓴 것에 대한 정당한 대가라고 생각했던 것 같아. 아빠는 그 스피커로 들은 적이 없었어. 아빠는 면전에서 무슨 일이 벌어졌던 것인지 몰랐지만 우리 중에서 누구도 스피커 값을 낸 적이 없다는 건 알았겠지. 라씨는 돈을 많이 벌어서 유럽으로 돌아갔어. 내 생각엔 지금도 유럽 어딘가에 있을 것 같아. 아직 살아 있다면 말이야."

나에게는 소화하기 어려운 소식이었다. 허탈해졌다. 내가 수학자로서 존경하고 나에게 많은 것을 가르쳐 주었으며 수에 대한 사랑을 전해 준 바로 그 사람이 밀수꾼이었다고? 나는 이 폭로를 믿기 힘들었지만 동생의 말이 옳다는 것은 알았다. 동생은 늘 우리의 선상 생활을 놀랍도록 자세하게 기억했다. 내가 오래 전에 잊어버린 어린 시절을 거의 매일 되새겼다. 나는 수의 기원 ― 내가 훌륭하다고 생각했던 사람의 영향으로 시작했던 탐구 ― 을 찾기 위해 동양으로 가는 비행기를 타기 전날 밤 잠을 이루기가 어려웠다. 라씨는 정말 단순히 밀수꾼이었을까? 나는 그날 밤 내내 몇 번이고 물었다.

다음날 아침 일어나면서 새로 알게 된 정보로 인해 일생의 탐구에서 크게 달라질 것은 없다고 다짐했다. 라씨에게도 어두운 면이 있었는지 모른다. 그는 불법적인 방법을 통해 금전적 이득을 얻을 수 있기 때문에 우리 가족과 수십 년을 함께했다. 하지만 그는 여전히 훌륭한 수학자였으며 어린 소년에게는 멘토였다. 그리고 나는 여전히 그에게 고마웠다. 라씨가 어떤 사람이었건 간에 나는 내 탐구를 계속하고 있었다. 제로를 찾는 것이 그보다 훨씬 더 컸다. 그 탐구는 내 것이었고 이제 나만의 것이었다.

몇 시간 뒤 나는 여정을 계속하기 위해 비행기를 타고 가 텔아비브 근처 벤구리온 공항에 도착했다. 그리고 일라나가 전날 해 줬던 이야기를 마음에서 털어 버리고 눈앞에 놓인 임무에 집중하기 위해 노력했다.

13

10시간에 걸친 비행 끝에 방콕에 도착했다. 27년 전에 신혼여행으로 이 도시에 왔었다. 그때는 아주 작은 터미널이 있을 뿐이었다. 그런데 이제 방콕에는 세계에서 가장 현대적인 공항 중 하나인 수완나품 국제공항이 있었다. 입국대를 통과하는 일은 현대적인 카메라 등 첨단 기술이 총동원된 경험 같았다.

나는 여행 가방을 붙잡고 새로 완공된 근교와 도시 중심을 잇는 고속 열차를 타고 시내로 향했다. 거기서 다시 붐비는 방콕 길거리의 위를 도는 스카이 트레인을 타고 호텔의 계단 앞에 도착했다. 방콕의 주요 동맥으로 여러 지점을 남북으로 연결하는 차오프라야 강의 동쪽 강변에 위치한 샹그릴라 호텔이었다.

아침에 나는 도보로 호텔을 나와 강변을 따라 북쪽으로 걸었다. 길거리 음식을 팔러 다니는 행상들 때문에 앞으로 나아가기가 힘들었다. 구운 고기 냄새, 말린 생선 냄새, 양파 볶는 냄새, 마늘 냄새, 그리고 온갖 종류의 향신료 냄새를 피할 수 없었다. 붐비는 거리를 점령한 모든 태국인들이 나에게 음식이 아니라면 가짜 롤렉스 시계나 포르노 DVD 등 뭐라도 팔고 싶어서 안달이 난 것 같았다.

두어 블록을 지나자 거리가 조용해졌다. 유일하게 들리는 것은 가끔 지나가는 툭툭 운전사들이 속도를 늦추면서 묻는 소리뿐이었다.

"선생님, 어디를 가세요?"

그때마다 나는 고개를 가로저어 걷고 싶다는 의사를 표시했다. 모퉁이를 돌아 골목으로 접어들자 곧 과거 프랑스 이민 거주지의 중심 지역 한가운데로 들어설 수 있었다. 1920년대부터 있었던 역사적인 건물 가운데 하나인 프랑스 대사관이 있었는데 프랑스 국기가 차오프라야 강 위로 자랑스럽게 나부꼈다.

대사관 주변은 식민지 시대의 구역으로, 조르주 세데스가 바로 이 길을 걸어 사무실까지 다니던 20세기 초반의 건물이 바뀌지 않고 그대로 있었다.

세데스는 문화 문제 연구를 통해, 그리고 개인적인 우정을 쌓아 태국의 귀족 계층과 가깝게 지낸 덕분에 이 지역에서 중요한 고고학 연구를 할 수 있었다. 그가 태국의 왕세자와 친한 친구였다거나 캄보디아 공주와 결혼했다는 것은 문제가 되지 않았다. 세데스는 한동안 태국 국립 도서관의 관장직을 맡았고 문화 기관 및 학문 기관 다수의 이사회에 이름을 올리기도 했다. 그는 인도차이나의 넓은 지리적 영역 어디에서든 발견된 모든 고고학 유물에 접근할 수 있었다.

그는 평생 크메르 고어와 산스크리트어로 된 온갖 종류의 비문 수천 개를 번역했다. 세데스는 동남아시아와 그곳의 역사와 고고학에 관한 한 세계 최고의 전문가였고 나직이 하는 말이라도 권위가 있었다. 덕분에 그는 수의 역사를 바꿀 수 있었다.

차오프라야의 동쪽 강변에 자리한, 방콕에서 가장 오래되고 유명한 만다린 오리엔탈 호텔 뒤에서 그동안 찾던 것을 발견할 수 있었다. 오늘날 프랑스령 카리브 해 지역에서 흔히 볼 수 있는 종류의 회색 목조 발코니와 덧문이 달린 프랑스 식민지 양식이 고스란히 남은 건물이었다. 이 건물에 한때 세데스의 사무실이 있었다. 나는 건물로 들어갔다. 검은 연철 난간이 달린 내부의 계단은 확실히 진품이었다.

한때 사무실이 있었던 이 오래된 건물은 이제 주로 작은 갤러리와 예술품 중개인들이 입주해 있었다. 그들은 미얀마에서 가져온 설화 석고로 만든 불상을 전시해 놓았다. 7세기와 8세기의 물건으로 천상을 여행하고 지상으로 돌아오는 싯다르타의 하얗고 불투명한 조상이었다. 종종 미얀마의 절들에서 훔쳐 오는 이 조각상들은 한결같이 미소를 짓고 있다. 캄보디아에서 가져온 사암으로 만든 머리 조각도 있었다. 앙코르 시대에 만들어진 비슈누나 시바나 위대한 왕 자야바르만 7세의 진품 조각이라고 했다. (만약 이 조각들이 진품이라면 1970년대에 외국 반출을 금지하는 법이 통과되기 전에 반출된 물건이거나 아니면 캄보디아에서 밀반출된 것이어야 했다.) 그리고 태국과 라오스의 나무나 청동이나 금박을 입힌 불상들도 있었다.

이 구역에서 가장 좋은 중개인 가게로 보이는 무호트 화랑에서 나는 주인인 에릭 디외를 만났다. 벨기에 사람인 그는 붉은색 바지와 오렌지색 셔츠를 걸치고 커다란 금시계를 차고 있었다. 그가 큰 성공을 거둔 것은 확실했지만 대단히 많은 지식을 가진 것도 사실이었다. 전시된 물건에 대해 질문을 던질 때마다 그는 고미술에 관한 책을 꺼내 예술 가이드에 있는 공식 정보에서 유물의 역사를 찾아 설명해 주었다. 그는 중개인과 박물관에 판매를 한다고 했는데 나와 이야기를 하는 것은 나한테 뭔가를 팔 수 있을 것이라고 생각했기 때문이 아니라 이 지역의 오래된 골동품들에 대한 본인의 열정을 나누는 게 즐거워서였다. 나는 전문 중개인이라면 내 탐색에 어떤 반응을 보일지 궁금했다.

일단 그에게 동남아시아에 해결할 문제가 있어서 왔다고 말했다.

"아주 중요한 앙코르 이전 시대의 비문을 찾고 있어요. 숫자 역사 전체가 달린 비문이죠. 19세기 후반에 메콩 삼보르에서 발견되었죠."

디외 씨는 뒤돌아서 조각상들과 작은 유물들이 놓인 열 뒤편에 잘 정리된 서가로 갔다. 한동안 무엇가를 찾던 그는 7세기 삼보르 예술 양식에 대한 책을 꺼냈다. 그러고는 재빠르게 페이지를 넘겨 내가 찾는 물건은 아니지만 그 시대로 추정되는 비문 여러 개를 찾아냈다. 그런 다음 그는 의자에 앉아 한참 생각하다가 다시 책을 들여다보더니 캄보디아 씨엠립에 있는 박물관의 예술 큐레이터의 이름을 찾아 나에게 써 주었다. 참로은 칸(Chamroeun Chhan)씨였다. 그가 말했다.

"저라면 여기서부터 탐색을 시작하겠습니다. 이 사람이라면 교수님이 찾는 사라진 비문 K-127에 대해 뭔가 아는 것이 있을 겁니다."

출발이 좋았다. 나는 샹그릴라 호텔로 돌아갔다. 그리고 캄보디아의 박물관 큐레이터의 이메일 주소나 우편 주소를 인터넷에서 찾아봐야겠다고 생각했다. 박물관 컬렉션에 세데스의 잃어버린 비석 K-127과 유사하거나 같은 시대의 비문들이 여럿 있었다. 세데스 본인에 대한 어떤 정보라도 찾아보는 것도 유용하겠다는 생각이 들었다. 어쩌면 오래된 편지나 메모에 비문에 대한 힌트가 있을지도 몰랐다. 다음 날 나는 프랑스 대사관에 찾아갔다. 대사관 직원은 굉장히 정중했지만 유용한 정보를 주지는 못했다.

나는 방콕 사방을 찾아다녔지만 아무것도 찾지 못했다. 하지만 씨엠립 박물관 큐레이터를 인터넷으로 검색해 보니 이메일 주소가 나왔고 참로은 씨에게 도움을 구하는 짧은 메일을 보냈다. 그렇지만 조르주 세데스에 관한 것은 전혀 찾지 못해 좌절했다.

14

나는 세데스가 생기 넘치고 흥미진진한 방콕에 살면서 방금 다녀온 멋진 건물에서만 일했던 것이 아니라는 사실을 알고 있었다. 그는 해석하고 연구할 비문을 찾아 현장에서 많은 시간을 보냈다. 캄보디아, 라오스, 베트남에 더해 태국 시골 지역과 캄보디아 왕의 조카인 아내와 함께 캄보디아의 수도인 프놈펜에서도 살았다. 그리고 훨씬 북쪽에 있는 도시 하노이에서도 여러 해 동안 머물며 훌륭한 연구 몇 가지를 했다. 하노이에서 그는 프랑스의 동남아시아 문화 연구 기관인 극동 프랑스 학원(Ecole Francaise d'Extreme-Orient, EFEO)의 원장을 맡았다. 방콕에서 며칠을 보낸 나는 하노이행 비행기를 탔다.

자정 즈음에 하노이 공항에 도착했고 비자를 받기 위해 한 시간도 넘게 기다렸다. 베트남은 여전히 공산 국가이다. 커다란 망치와 낫 그림 아래에 앉은 미소가 없는 입국 심사관이 그 사실을 떠올리게 했다. 너무 강한 조명은 옛날 영화에서 봤던 KGB 취조실을 생각나게도 했다.

내 여권에 마침내 베트남 비자가 찍히고 공항 터미널을 나온 뒤 택시를 타고 갓 포장된 도로를 따라 한 시간 가량 걸리는 여정을 시작했다. 너무나 완벽하게 깜깜한 나머지 지금 지나치는 지역이 어딘지 짐작도 할 수 없었다. 나는 보통 수월하게 여행하고 잘 모르는 곳에 대한 두려움도 거의 없는 편이다. 하지만 지독한 어둠과 괴상한 고요가 나를 불편하게 만들었다. 우리가 어디로 가고 있는지 전혀 알 수가 없었고 영어도 프랑스어도 못 하는 운전사가 나를 외딴 곳으로 끌고 가서 강도질을 하거나 죽이지 않으리라고 믿어야 했다. 그는 한마디도 없이 차를 몰았고 한 시간 뒤쯤 대단지 아파트를 에워싼 넓고 높은 벽이 나타났다. 우리는 텅 빈 많은 거리와 골목들을 누볐다. 여기서는 조명을 밝힌 곳이 거의 없었고 가로등 또한 몇 개 되지 않았다.

마침내 우리는 거대한 건물, 구도심의 중심에 있는 오래된 프랑스 오페라 하우스 입구에 도착했다. 지금은 프랑스인이 운영하는 호텔이었다. 지붕을 받친 높고 거대한 대리석 기둥 사이로 로비로 통하는 유리문이 보였다. 졸려 보이는 직원이 택시 문을 열어 주고 내 가방을 들었다.

현대식 편안함을 갖춘 서양 호텔과 동양식 서비스가 신기하게 섞인 곳이었다. 아침 식사를 할 때 웨이터가 내 테이블로 와서 내가 어디에서 왔는지 듣더니 웅얼거렸다.

"오사마 빈 라덴은 좋은 사람이었지요."

베트남에서는 어디를 가든 이와 비슷한 반미 정서를 느낄 수 있었다.

나는 하노이의 옛 프랑스 식민지의 중심지를 걸으면서 세데스가 옛날 EFEO에서 일했던 사무실을 찾았다. 1860년대 양식으로 지어진 건물은 여전히 거기 있었지만 프랑스 문화 기관은 아니었다. 내가 물어보았던 사람들 중 하나가 여전히 베트남에서 살고 있는 한 프랑스인의 이름과 주소를 알려 줬다. 프랑스로 돌아가지 못한 기관 유물의 일부를 소유하고 있을 가능성이 있는 사람이었다.

나는 택시를 타고 시내를 나와 물소가 풀을 뜯고 짚으로 만든 원뿔 모양의 전통 모자를 쓴 농부가 경작하는 밭을 지났다. 우리는 마침내 느리게 흐르는 강에 도착했다. 젊은 여인이 굳세게 노를 젓는 배가 강 하류의 작은 마을로 데려다주었다. 피에르 마르셀이라는 이름을 가진 남자는 베트남인 아내와 함께 살고 있었다. 피에르는 중년에 다부진 몸매였는데, 얼굴에 마마 자국이 있었다. 그는 친절했지만 흔히 볼 수 있는 프랑스인들의 수다스러운 모습 뒤에 뭔가 방어적인 기색도 있었다. 그는 어떤 사람이었을까? 이 시골에서 무엇을 하는 걸까? 나는 포기해야만 했던 이전 식민지인 이 공산 국가를 수십 년 뒤에도 주시하는 프랑스 첩보 기관과 그가 어떤 식으로든 관계가 있을 것 같은 불편한 느낌이 들었다. 어쩌면 전날 밤의 불편한 택시 승차 경험 때문에 지나친 상상을 하는 것인지도 몰랐다.

피에르와 그의 아내는 점심 식사에 나를 초대했다. 그런 다음 그는 누렇게 변색되어 가는 서류들이 가득 든 종이 상자 한 개를 가져왔다. 한동안 서류들을 파헤치다가 관심이 가는 것을 발견했다. 세데스가 발표를 위해서 보냈던 논문에 첨부한 편지의 사본이었다. 중요한 발견은 아니었지만 그래도 진짜 세데스 관련 자료를 발견하니 신이 났다. K-127과 직접 관계가 있는 것은 아니었지만 말이다.

내 목적을 이야기하자 피에르가 말했다.

"메콩 삼보르에서 나왔다면…… 프놈펜에 거주하는 한 백인이 있는데 교수님에게 도움이 될지도 모르겠습니다. 그는 이 지역을 아주 잘 알거든요. 어쩌면 사라진 삼보르 유물의 행방에 대해서도 아는 게 있을 것 같군요. 그 사람 이름은 앤디 브라우어입니다. 인터넷에서 찾아보면 그 사람의 이메일 주소를 찾을 수 있을 겁니다."

나는 커피를 한 잔 대접받고 나서 배와 뱃사공을 찾으러 갔다. 뱃사공은 강가에서 나를 기다리고 있었다.

돌아오는 길은 상류로 거슬러 올라가느라 다소 시간이 걸렸다. 강둑의 작은 덤불에 앉은 많은 새들, 주로 물총새에 두루미도 있었는데 다들 먹이를 찾고 있는 새와 강 양쪽에 무성한 정글 식물들을 지났다. 이어 30분이나 택시를 찾아 헤매던 나는 마침내 도로 옆 마을에서 발견했다. 택시 운전사는 무뚝뚝하고 말수가 적었으며 영어를 거의 하지 못했다. 하노이로 돌아가는 일차선 도로는 매우 막혔다. 차나 달구지를 지나치려면 더욱 오래 걸리고 어려웠는데 몇 번이나 마주치고는 했다. 차 한 대가 지나치면서는 거의 협곡으로 몰아넣기까지 하자 나는 이 탐구가 생명을 걸 만한 가치가 있는 것인가 생각을 하기 시작했다. 하지만 그럴 가치가 있었다.

"나는 사라진 그 비문을 찾아낼 것이다."

단호하게 중얼거렸다. 다음 날 부산한 방콕으로 돌아와 캄보디아로 대단한 모험에 나설 준비를 했다.

15

방콕에 며칠 머무르면서 밀린 이메일들을 처리하고 앤디 브라우어를 찾았다. 다행히도 그는 아주 설명이 잘 되어 있고 보기에도 편한 웹사이트를 운영하고 있었다. 웹사이트는 본인이 직접 탐험한 캄보디아의 접근하기 어려운 고고학 유적 여러 곳에 대한 정보를 제공했다. 글만 봐도 즐겁게 쓴 것 같았다. 인터넷 블로그를 보니 사교적인 성격에, 캄보디아와 캄보디아의 보물에 대한 지식을 열심히 나누는 사람 같았다. 그는 관심을 갖고 회신을 했는데 언제든 만날 수 있다고 했다. 그래서 나는 곧 프놈펜으로 가는 비행기 표를 샀다.

다음 날 나는 방콕의 고층 건물들을 뒤로 하고 탁하고 북적거리는 공기의 프놈펜으로 갔다. 나는 도시의 남서쪽 끝에 있는 인터컨티넨탈 호텔에 머물면서 앤디 브라우어에게 전화를 걸었다. 그가 제안한 대로 우리는 와트 랑카와 278거리가 교차하는 곳에서 만나 저녁을 함께하기로 했다. 거리 이름을 이렇게 짓는 것이 이상해 보였지만 프놈펜에서는 흔한 방식이다. 인터컨티넨탈이 있는 곳은 진짜 사람 이름이 붙은 몇 안 되는 거리 중 하나인 마오쩌둥 대로였다.

나는 호텔에서 택시를 탔고 운전사가 그 주소를 찾았다. 와트 랑카는 메콩 강과 톤레삽 강이 합쳐지는 지점에서 남쪽에 있는 오래된 불교 사원이다. 왕궁과 다른 중요한 건축물들이 있다. 278거리는 관광객을 접대하는 식당과 카페들이 있는 작은 거리로, 이곳에 가면 맥주와 고기파이를 살 수 있다. 약속 시간까지 한 시간이 넘게 남았기 때문에 나는 동남아시아에서 사원을 의미하는 와트 안으로 들어가 보았다. 높고 흰 담장과 붉은색의 탑처럼 생긴 꼭대기는 18세기에서 19세기에 지어진 많은 태국 절들과 유사했다.

입구는 넓고 개방되어 있었고, 안으로 들어가자 커다란 불상 옆에서 진한 노란색 가사를 걸친 스님 여러 명이 예불을 드리고 있었다. 외로운 서양 방문객에게 관심을 기울이는 사람은 아무도 없었다. 50개는 될 듯한 나무로 만든 조악한 불상이 본전을 에워싸고 있었다. 거대한 황금 와불상이 있는 방콕에서 본 매력적인 부처 이미지에는 도저히 견줄 수 없었다.

절을 나와서 나는 278거리로 내려갔다. 몇 안 되는 관광객들이 칵테일을 홀짝거리는 바에서 서양의 록음악이 요란하게 울렸다. 그리고 거리에는 나무와 금속으로 만든 작은 불상들, 앙코르와트를 새긴 이미지, 힌두교 신들의 모조 석두, 남근을 새긴 열쇠고리 등 싸구려 기념품이 쌓인 선물 가게가 있었다. 나는 몇 분간 둘러보고는 다시 거리를 따라 내려갔다. 높은 천장 선풍기가 있는 바를 갖춘 작은 호텔이 있었다. 나는 안으로 들어가 앙코르 맥주와 땅콩을 주문했다. 프랑스와 독일 관광객 몇 명이 바깥 테이블에 앉아 늦은 오후의 햇살을 즐기고 있었다.

해가 지고 거리가 어두워지자 나는 다시 와트 랑카와 278거리가 교차하는 곳으로 향했다. 옅은 색깔 머리를 한 중간 키의 서양 남자가 바로 보였다. 그가 물었다.

"아미르 악젤 씨인가요?"

내가 그렇다고 답하자 그가 악수를 청했다.

"안녕하세요? 앤디 브라우어입니다. 어디로 가고 싶으세요?"

골라 달라고 하자 그는 자신이 좋아하는 식당으로 가자고 제안했다. 우리는 한 블록을 걸었다. 나는 대로의 신호등이 초록색으로 변하자마자 우리에게 달려드는 오토바이들 떼에 치이는 것을 간신히 벗어났다. 앤디는 아시아의 교통 상황에 익숙해져서인지 태연해 보였다. 다음 모퉁이에서 서양식과 캄보디아 음식을 제공하는 식당에 들어갔다.

앤디가 먼저 말을 꺼냈다.

"나는 원래 영국 출신입니다. 버밍엄과 브리스틀 사이에 있는 한 도시 출신이지요."

나는 그 지역을 잘 안다고 말한 다음 왜 이곳에 왔는지 질문했다.

"나는 한 은행에서 31년을 일했어요. 열여섯 살부터 일을 시작했거든요. 늘 탈출해서 캄보디아에 갈 수 있기를 꿈꿨어요. 나에게는 캄보디아뿐이었어요. 1990년대부터 여길 찾기 시작했습니다. 한 달은 천국에서 보내고 나머지 열한 달은 판에 박힌 지루한 일상을 보냈던 거죠. 그런 한 해 한 해를 보내다가 나는 이제 늘 천국에 있어야겠다고 생각했어요."

그래서 그는 이곳으로 이주했고 여행사에서 일하기 시작했다. 한편으로 두 가지 열정적인 취미를 마음껏 누렸다. 바로 야생 탐험과 축구였다.

나는 그에게 원래 메콩 삼보르에서 발견되어 세데스가 연구했지만 이제는 행방이 묘연해진, 크메르 루즈가 유물을 대량으로 약탈하면서 존재하는지 여부가 더욱 의심스러워진 비문 하나를 찾고 있다고 했다. 앤디가 말했다.

"그렇군요. 나도 한 비문을 직접 찾은 적이 있지요."

깜짝 놀라서 앤디를 보자 그가 말을 이었다.

"앙코르 북쪽으로 약 30킬로미터 떨어진 어떤 지점을 탐험했을 때였지요. 친구 한 명이 골동품 상점에서 구한 1800년대 후반의 옛날 프랑스 지형도에 의하면 그곳에 탐험되지 않은 유적이 있다고 했거든요. 아무도 아는 사람이 없었습니다. 아시겠지만 프랑스 사람들은 자기들이 발견한 것에 대해서는 모든 종류의 지도와 표기법을 남겼지요. 하지만 1950년대에 그 사람들이 캄보디아를 떠나면서 전부 사라졌거나 유럽으로 가져갔지요. 그래서 나는 내 오토바이 운전사와 함께 이 지도를 보며 어딘지를 찾았습니다. 마을 촌장이랑 이야기를 해 봤는데 본인은 물론 마을 사람들 가운데 누구도 내가 설명한 위치의 사원 유적 같은 건 알지 못한다고 하더군요. 그러면서 혹시 내가 발견한다면 꼭 알려 달라고 했지요. 촌장은 마을 경비대장을 나와 동행하게 해 줬습니다. 온갖 초목이 마구잡이로 빽빽하게 자란 원시림이었거든요. 아마 100년 정도는 이곳에 발을 들인 사람이 없었던 겁니다. 우리는 큰 칼을 휘두르며 문자 그대로 길을 1미터씩 1미터씩 일구어야 했어요. 사방에 모기가 천지였고 어떤 지점에서는 코브라가 스르르 미끄러지는 모습을 보기도 했죠. 정말이지 대단한 고전이었습니다. 그렇지만 나는 그런 일을 하기를 즐깁니다. 그렇게 몇 시간 동안 사투를 벌인 뒤 우리는 고지도에서 오래된 사원이 있다고 하는 바로 그 지점에 도착했습니다. 맙소사! 우리가 여러 사원의 유적을 발견했던 겁니다. 땅에 쌓아올린 오래된 벽돌들과 간신히 서 있는 벽, 조각이 새겨진 돌로 된 출입구, 그리고 오랜 옛날 도둑들이 보물을 찾기 위해 뚫어 놓은 구멍 같은 게 있었어요. 우리는 바닥에 주저앉아 승리감을 만끽했습니다. 이야기를 하면서도 내 맞은편의 남자가 지팡이로 계속 땅을 두드리더군요. 나는 그 소리가 꼭 돌을 두드리는 소리 같다는 걸 알아챘어요. 그래서 나는 그에게 그만두라고 하고 엎드려서 두들기던 그의 발치 아랫부분의 먼지를 치웠습니다. 한참을 그러자 옛날의 글이 새겨져 있는 커다란 돌이 드러났지요. 어쩌면 거기에 옛날 제로가 있었을 수도 있겠네요. 정확히는 모르겠지만요."

그때 내가 물었다

"제로는 쉽게 발견하기 어렵지요. 그런데 그건 얼마나 오래된 거였나요? K-127은 7세기의 물건이거든요."

"그건 그 이후의 것이에요. 그 사원들은 앙코르 시대에 가까운 9세기나 10세기의 것이었거든요. 어쨌든 그래서 우리는 돌아갔어요. 나는 마을 촌장에게 우리가 발견한 것을 말해 주었고 촌장은 당국에 신고하기 위해 기록을 만들었습니다. 그러고 나서 두 해가 지난 어느 날 텔레비전을 보는데 고대 역사에 관한 내셔널 지오그래픽 프로그램이 나오더군요. 그 사람은 힘든 여정을 거쳐 바로 그 절까지 가더니 내 비문을 '발견'하는 겁니다!"

나는 그것이 얼마나 비윤리적인 짓인지 이야기했지만 앤디는 이렇게 말했다.

"글쎄요. 어쨌든 촌장이 그냥 잊어버리지 않고 어디를 찾아보면 될지 누군가한테 이야기를 한 거잖아요. 그리고 그 사람들이 다른 비문도 발견했고요."

그는 계속해서 다른 탐험 이야기들을 해 줬다. 그가 발견한 유적이 얼마나 매력적이고, 에워싼 정글은 또 어찌나 무성했던지 파라마운트 영화사에 연락하자 야외 촬영 담당 간부가 2주일 만에 예비 조사를 하러 캄보디아에 왔던 이야기도 있었다. 1년 뒤에 그들은 그곳에서 영화 〈라라 크로프트: 툼 레이더〉를 촬영했다.

"선생님이라면 K-127을 찾는 일을 어떻게 시작하겠습니까?"

앤디의 이야기가 끝내자 내가 물었다.

"몇 군데 아는 곳이 있어요. 전화를 걸어 본 다음 이메일로 연락을 드릴게요. 확실히 내가 아는 사람 가운데 교수님을 도와줄 분이 있을 것 같군요."

나는 그에게 한 가지를 더 부탁했다.

"공의 개념을 잘 알고 나에게 설명해 줄 수 있는, 아는 것이 많은 불교 스님을 만나고 싶은데요. 나는 제로가 어쩌면 불교의 슈냐타에 왔을 거라고 생각하거든요."

앤디가 말했다.

"그것 참 흥미로운 생각이로군요. 교수님이 답을 구하기 위해 찾아보면 좋을 최고의 장소를 알고 있어요. 바로 라오스의 루앙프라방이라는 곳이에요. 사원과 스님들의 도시이지요. 나라면 거기로 가겠습니다."

나는 그에게 감사를 표하고 운전사에게 전화를 했다. 운전사는 저녁 시간의 교통 체증을 뚫고 나를 다시 호텔로 데려다주었다. 호텔에서 컴퓨터를 켜자 이미 앤디의 메시지가 와 있었다. 골동품을 잘 아는 캄보디아인 친구 로타낙 양에게 나를 연결해 주는 메일이었다. 얼마 지나지 않아 로타낙 양에게서 이메일이 왔는데 그는 곧 K-127에 대한 어떤 정보를 알 법한 사람이 있으면 이름을 알려 주겠다고 약속했다. 한편 그는 세데스의 논문에서 내가 수집했던 정보처럼 내가 찾는 비문이 1920년대와 1930년대에 프놈펜 국립 박물관

캄보디아에서 정글 탐험 중인 앤디 브라우어.

에 소장되어 있었지만 거기서 없어진지 오래라고 말했다. 어디에 있는지는 그도 모른다고 했다.

다음 날 나는 캄보디아 국립 박물관으로 갔다. 입구의 명판에는 1920년대에 프랑스의 캄보디아 총독의 주도 아래 박물관의 개관식이 열렸으며 왕도 참석했다는 설명이 있었다. 뭔가 슬프고 모멸감마저 들었다. 유럽의 강대국이 얼마 안 되는 숫자의 군인만을 실을 수 있는 배로 여기 동남아시아까지 와서 수백만이 사는 땅을 어떻게 정복했는지 나는 제대로 이해하지 못했다. 하지만 그것이 나폴레옹 3세 황제라고 알려진 나폴레옹의 조카가 식민지에 대해 말도 안 되는 야망을 가졌기 때문에 일어난 일이라는 것은 알았다.

민주적으로 선출된 행정부의 대통령이던 루이 나폴레옹 보나파르트는 황제가 되기 위해 자신의 정부를 상대로 쿠데타를 일으켰다. 그가 장악한 프랑스 육군은 1865년에 광활한 인도차이나 지역을 탈취했다. 3년 뒤 나폴레옹은 파리를 공격하는 프러시아인들에게 무릎을 꿇었다. 나는 이 사건에 대한 지독한 농담을 늘 떠올리곤 한다.

"무슈, 10만 명 겸상인가요?"

물론 프랑스는 우리에게 이 지역을 위해 많은 업적을 남기고 우리가 이곳의 역사와 문화를 이해할 수 있게 한 조르주 세데스도 주었다. 이 박물관에 전시된 몇몇 유물에 그의 이름이 언급되었다. 그리고 박물관의 출구에 역대 관장들의 이름과 사진이 나온 대형 명판이 있다. 그 가운데 합 토우치 씨가 있었다. 곧 내가 다시 마주치게 될 이름이었다. 그와 그의 동료들은 한때 훌륭했지만 크메르 루즈가 쓰레기장으로 만드는 바람에 암흑기가 되어 버린, 박쥐와 비둘기와 다른 동물들 수천 마리의 배설물로 완전히 오염되었던 박물관을 되살리는 작업을 믿기 어려울 정도로 잘 해냈다.

현재 캄보디아 국립 박물관은 세계에서 가장 훌륭한 박물관 가운데 한 곳이다. 여기 전시된 앙코르와 삼보르 프레이 쿡을 비롯한 캄보디아 여러 지역의 조각상들은 어디에 내놓아도 가장 아름다울 조각품들이다. 팔이 네 개나 여덟 개 달린 비슈누, 보통 제3의 눈이 달린 시바, 그리고 네 개의 얼굴로 동서남북 사방을 고요히 바라보는 뛰어난 브라마 신상도 있다. 황소 난딘의 아름다운 조각상도 있으며 힌두교 3대 주신의 배우자들과 여신상들은 발군이다. 인도차이나 전역에서 볼 수 있는 요정인 압사라 조각상들도 마찬가지이다. 전시품의 절반쯤은 나라 전역에서 발견된 여러 시대의 불상들이라 할 만하다. 부처님은 가끔 머리가 아홉 개 달린 코브라인 나가의 위에 앉은 모습으로 묘사된다. 그리고 나가의 이미지는 캄보디아의 다른 지역에서 발견된다. 가령 앙코르와트의 입구는 사원으로 들어가는 길의 양쪽에 머리가 아홉 개 달린 코브라가 장식되어 있다.

나는 도착했을 때보다 약간의 정보만을 더 가진 채 프놈펜을 떠났다. 나는 사라진 K-127을 수색하는 나의 본부가 있는 방콕으로 돌아가 더 많은 정보를 전해 줄 이메일과 전화를 기다렸다. 수색이 어려워지고 있었다. 나는 잘 모르는 사람의 호의에 의지해 그가 아는 사람이 가진 알 수 없는 가능성에 기대야 했다. 다른 대륙에서 온 연구자를 순수하게 친절한 마음으로 자진해서 도와주기 위해 정보를 제공하는, 내가 알지 못하는 사람으로부터의 연락을 기다리는 것은 엄청난 인내가 필요한 일이었다.

16

사라진 비문으로 향하는 길로 나를 인도해 줄지도 모르는 이메일들을 기다리는 한편 나는 앤디 브라우어의 추천을 따라 라오스에서 불교의 공에 대한 해답을 찾아보기로 했다. 나는 보스턴에 있는 데브라에게 전화를 했다. 데브라는 MIT에서 며칠 동안 휴가를 받고 스물다섯 시간을 날아 나를 만나러 방콕으로 왔다. 우리는 몇 주나 떨어져 있었고 나는 그녀를 만나고 싶어서 못 견딜 지경이었다. 우리는 샹그릴라에서 그날 밤을 보내고 다음 날 아침 다시 공항으로 가서 루앙프라방으로 가는 방콕 항공의 터보 프로펠러 비행기에 올라탔다. 나에게는 업무 여행이었지만 데브라는 나와 함께할 수 있어 기뻐했다. 이국적이고 재미있는 장소에서 함께 보낼 시간도 따로 있을 예정이었지만 데브라는 기꺼이 자기 시간을 들여 내 탐색을 도왔다.

루앙은 수도를 뜻하고 프라방은 1세기에 스리랑카 사람들이 만들어 라오스의 왕에게 선물로 보낸 불상의 이름이다. 라오 왕조는 이제 없어지고 나라는 공산 국가가 되었지만 이 불상은 지금도 루앙프라방의 국립 박물관에서 만날 수 있다. 베트남과 마찬가지로 방문객들은 라오스에서 망치와 낫을 수시로 보게 된다. 보아하니 공무원들의 부패가 널리 퍼져 있었다.

방콕부터 이곳까지 비행시간은 두 시간이었다. 착륙을 위해 하강하면서 무성한 초록색 사이에 자리 잡은 붉은 지붕을 한 불탑들이 열대우림과 야자수들에 둘러싸인 모습이 보였다. 나중에 착륙한 뒤에는 고무나무와 거대한 투알랑 나무와 딥테로카프 나무를 볼 수 있었다. 이런 나무들은 60미터까지 자라고, 이끼로 온통 뒤덮인 나무도 많다.

2013년 4월 4일 늦은 오후에 루앙프라방 공항에 도착했고 데브라는 입국 심사대를 빠르게 통과해서 심사 구역 너머 대기실에서 나를 기다렸다. 다음 차례였던 나는 카운터 뒤에 있는 공무원에게 내 미국 여권을 건넸다. 그는 오랫동안 꼼꼼히 살피더니 부스 밖으로 나와 나에게 말했다.

"나를 따라와요."

나를 기다리는 데브라를 알아차리고는 이렇게 말했다.

"부인도 같이 와도 됩니다."

그는 우리를 다른 비자 신청자들에게서 떨어진 별실로 데려갔다. 창문은 커튼으로 가려져 있었다. 다른 공무원이 그 방의 책상 앞에 앉아 신문을 보고 있었는데 능글맞은 웃음을 입에 걸고는 결코 우리를 쳐다보지 않았다. 우리를 데려온 남자는 모든 커튼을 꼼꼼히 치더니 말했다. 그는 앉으라며 건성으로 권하더니 곧 돌아서서 나를 압박했다.

"여권 유효 기간이 적어도 여섯 달은 남아 있어야 하는데 선생 여권은 다섯 달 뿐이군요. 까다롭게 되었어요."

그는 내 눈을 들여다보며 말했다.

"200달러를 내야 합니다."

나는 깜짝 놀랐지만 돈을 내는 수밖에 없다는 것을 알았다. 만약 거부한다면 그들은 나를 무기한 억류하거나 다음 비행기에 태워 돌려보낸 뒤 표 값을 나에게 물릴 수 있었다.

나는 데브라를 힐끗 보고 윙크를 통해 이 부패한 정부 관리들이 무슨 짓을 하는 것인지 알았다는 뜻을 전했다. 그런 다음 지갑에 손을 넣어 남자에게 백 달러짜리 지폐 두 장을 건네며 물었다.

"출국할 때 같은 문제가 생기는 건 아니겠죠?"

"아닙니다. 걱정 마세요."

그는 우리를 다시 자기 부스로 데려가면서 말했다. 그는 내 여권에 입국 비자 도장을 찍고 호텔에 갈 때 바가지를 피하려면 어떤 택시를 타야 하는지 열심히 설명하며 보내 주었다. 그런 일만 없었다면 유익하고 즐거운 방문이었을 이 매력적인 나라와의 불쾌한 첫 대면이었다.

택시는 루앙프라방이 내려다보이는 언덕 위에 자리 잡은 키리다라 호텔로 우리를 데려다주었다. 우리는 투숙 수속을 하기 전에 깔끔하게 손질된 호텔 정원을 거닐었다. 숨을 깊이 들이마시자 재스민과 우리가 알아볼 수 없는 다른 열대 꽃들의 달콤하고 강한 향기를 느낄 수 있었다. 멀리서 불타는 밭에서 흘러드는 미약한 연기 냄새도 있었다. 뒤섞인 향기가 자극적이었지만 불쾌하지 않았다. 우리는 편안한 호텔 방에 자리를 잡고 라오 차를 여러 잔 마셨다. 라오스 고지대에 사는 사람들이 마신다는 차였다.

다음 날 아침, 우리는 시내로 나갔다.

루앙프라방은 과거 프랑스 식민지 시대가 남긴 완벽한 건축물들이 흥미롭게 섞여 있는 보석과 같은 곳이다. 실제로 루앙프라방은 한 세기 전의 건물이 그대로 남아 있는 아시아에서 몇 안 되는 도시들 중 하나이다. 이층짜리 집들이 있는데 이층에는 베란다와 흰색 또는 연한 푸른색으로 칠해진 목제 창문 덧문이 있다. 아래층의 거주 구역에는 길거리 쪽으로 열린 프랑스식 문과 커다란 천장 선풍기들이 있어서 영화 〈카사블랑카〉를 떠올리게 한다. 파리에 있어도 이상하게 보이지 않을 프랑스식 카페들이 갓 구운 크루아상과 최상의 커피를 제공한다. 건물들에 섞여 현지 수공예품을 파는 고급 가게들과 몇몇 식당과 인근 정글로 가는 탐험 상품과 메콩 강을 따라 내려가는 보트 크루즈 상품을 파는 여행사들이 있다. 조악한 대나무 다리가 메콩 강의 작은 지류인 남칸 강을 가로지르고, 거리에는 툭툭과 여행자들과 진한 노란색 가사를 걸친 승려들이 뒤섞여 있다. 밤이 되면 시내는 시장으로 변하고 현지 상인들과 시골 사람들이 아름다운 라오스 실크, 손으로 만든 보석 종류, 병에 든 죽은 코브라 같은 것을 판다. 현지 식당은 물소와 사슴과 악어 고기로 만든 스테이크를 전문으로 한다고 광고한다.

우리는 이런 별미를 피해 채소를 곁들인 커리와 쌀밥으로 식사를 했다. 커리는 인도 커리보다 나았다. 그리고 우리는 프로젝트 이야기를 했다.

"K-127이 이제 존재하지 않는다면 어떻게 할 작정이에요?"

디저트로 크렘브륄레를 다 먹은 다음 데브라가 조심스럽게 물었다.

나는 잠시 생각에 잠겼다가 말했다.

"찾아낼 거야……. 남은 내 평생을 여기 동남아시아에서 보내야 한다고 해도."

"그러면 미리엄에게 학교를 그만두게 하고, 여기로 이주를 해야 할지도 모르겠네요?"

그녀가 웃으면서 말했다.

"그리고 이 일을 하면서 뇌물을 얼마나 더 많이 바쳐야 할까요?"

우리는 둘 다 웃음을 터뜨렸다. 그러나 나는 그녀가 내 뒤에 있을 거라는 사실을 알았다. 어째서인지 우리는 둘 다 내가 K-127을 찾아낼 수 있을 것이라고 확신했다. 설사 지금은 부서진 돌무더기로 변했더라도 말이다. 데브라는 이번 탐구가 나에게 얼마나 큰 의미를 가진 것인지 알았고, 나는 데브라가 큰 힘이 되어 주어서 고마웠다. 그러나 우리 둘 다 끝을 향할수록 일이 얼마나 추악해질지는 알지 못했다.

하지만 우리가 라오스에 온 목적은 오래된 절, 동남아시아의 와트에서 부처님을 섬기는, 지식이 많은 스님을 찾는 것이었다. 우리는 가장 오래되고 건축학적인 면에서 가장 인상적인 절인 와트 시엥통으로 향했다. 와트 시엥통은 정교한 유리 모자이크와 금박 장식이 있는 가파르게 경사진 목조탑으로, 1565년에 지어졌다. 우리는 넓은 경내를 지나 한쪽으로 메콩 강, 다른 쪽으로는 시내가 내려다보이는 절까지 거닐었다. 스님들은 경내를 돌아다니거나 소규모로 모여서 담소를 나누고 있었다. 데브라가 오래된 절의 사진을 찍는 동안 나는 한 스님에게 다가가 내가 바라는 일에 대해 설명했다.

스님은 와트 내부에 있는 인상적인 불상 옆에 앉아 명상하던 이 절에서 가장 학식 깊은 학승에게로 나를 인도했다. 나는 신발을 벗고 안으로 들어가 구석에 있는 나무 의자에 앉아 기다렸다. 스님이 명상을 끝냈을 때 다가가 내 소개를 하고 질문을 던졌다.

"불교의 공, 슈냐타는 무슨 뜻입니까?"

그는 나를 바라보더니 잠시 생각한 다음 대답했다.

"모든 것은 모든 것이 아니지요."

아는 것이 많은 사람이 숙고한 뒤에 나온 답변이기에 가볍게 받아들여서는 안 된다는 것을 알았다. 그는 올바른 표현을 찾거나 영어 단어를 사용하는 데 혼란스러워하지 않았다. 그는 진심이었다.

"모든 것은 모든 것이 아니지요."

나는 이 별난 대답을 한동안 곰곰이 생각했다. 하지만 그가 무슨 말을 한 것인지는 알았다. 어쩌면 동양의 의식에는 '모든 것은 모든 것이 아니'라는 것이 어떤 의미에서 직관적이고 명백할 수 있었다. 서양인은 숙고를 해 보아야 한다. 그러면 분명해지고 그 대단한 깊이와 의미가 드러난다.

'모든 것이 모든 것이 아니'라는 말의 뜻을 설명하려면 영국의 위대한 철학자이자 수학자인 버트런드 러셀의 연구에 의지할 필요가 있다. 러셀은 20세기 초반에 전체 집합, 즉 절대 아무것도 남기지 않고 모든 것이 포함된 집합은 없다는 것을 증명했다. 우주 전체 또는 우주들의 집합에서 모든 것이 존재하고 바깥이 아무것도 남지 않는 그릇은 없다. 어떤 구획에서든 언제나 *뭔가*가 테두리 바깥에 남는다.

수학적인 생각은 우주 구조와 깊은 관계가 있다. 우주는 그것이 무엇이든 그것이 전부일 수 없다. 러셀은 이 놀라운 수학적 발견을 기발한 논거로 증명했다. 그는 이렇게 말했다.

"자기들이 들어간 집합과 자기들이 들어가지 않은 집합을 생각해 봅시다."

가령 모든 개의 집합에 그 집합 자체는 일원으로 들어가지 않는다. 집합은 개가 아니기 때문이다.

그러나 개가 아닌 모든 것의 집합에는 그 집합 자체가 들어간다. 왜? 집합은 개가 아니니까, 그래서 개가 아닌 모든 것들 무리에 속하는 것이다. 그런 다음 러셀은 자문한다. 그렇다면 자기 자신을 포함하지 않는 모든 집합의 집합은 어떤가? 이 집합에 집합 자체가 들어가는가? 만약 그렇다면 정의에 따라 자기 자신은 포함할 수 없으며 만약 들어가지 않는다면 정의에 따라 자기 자신이 들어간다.

러셀은 이 역설로 당시 부상하던 집합론의 문제들을 노출시켰다. 이제 우리는 집합론이 테트랄레마와 나가르주나의 기본적인 동양 논리와 잘 맞지 않는다는 것을 안다. 그리고 린턴이 그로텐디크의 연구 — 집합보다 범주를 바탕으로 한 — 를 이용해 문제를 어떻게 에둘러 갔는지 보았다. "모든 것이 모든 것이 아니다." — 무엇이 되었든 모든 창작을 가리고 있는 것의 *바깥*에는 늘 뭔가가 있다. 그것은 생각일 수도, 일종의 공일 수도, 혹은 신성한 양상일 수도 있다. 안에 모든 것을 가지고 있는 것은 아무것도 없다. 나는 이 생각이 심오하다고 여겼다. 그는 말을 이었다.

"여기서."

스님이 나에게 가까이 다가오라고 손짓하며 높이가 36센티미터나 될까 말까 하는 작은 의자를 권했다. 앉는 부분에 수가 놓이고 나무로 된 작은 다리 네 개가 달린 의자였다. 나는 스님 옆에 앉았다.

"우리가 명상을 할 때 우리는 헤아립니다."

스님이 말을 멈추고 나를 뚫어지게 보았다.

"우리는 눈을 감고 지금 앉아 있는 곳만 의식합니다. 다른 아무것도 의식하지 않습니다. 1. 숨을 들이마시며 헤아립니다. 2. 숨을 내쉬며 헤아립니다. 이런 식으로 계속합니다. 헤아리는 것을 멈추면 그게 공입니다. 숫자 제로, 텅 빈 것이죠."

바로 이거라고 생각했다. 슈냐타와 숫자 제로는 결국 일체였다.

나는 내가 왜 여기에 왔는지 이해되기 시작했다. 이곳은 숫자 제로의 지적 근원이었다. 그것은 불교의 명상에서 나온 것이었다. 이렇게 깊은 자기 성찰만이 절대적으로 아무것도 없는 상태와 이런 발상이 나오기 전까지 존재하지 않았던 숫자를 동일시할 수 있었다.

스님은 말을 이었다.

"우리는 태어나고, 자라고, 발달하고, 다수가 됩니다. 그러다 우리가 죽고 나면 이 숫자가 제로가 되지요. 이것이 명상의, 실존의 비결입니다."

나는 한동안 그 작고 불편한 의자에 앉아 현명한 스님이 한 이야기를 심사숙고했다. 그러고 나서 스님께 감사의 뜻을 전하고 나왔다.

절 경내의 광장을 가로지르면서 프랑스어, 이탈리아어, 독일어로 시끄럽게 떠들어 대는 유럽인 관광객 한 무리와 마주쳤다. 관광객 한가운데 가사를 입고, 하얀 턱수염을 길게 기르고 머리를 하나로 묶은 키가 큰 백인 남자가 있었다. 나는 그에게로 걸어가 우리가 방금 나온 절에 관해 일상적인 대화를 나누기 시작했다. 마침내 나는 동양 의복을 걸친 이 서양 남자에게 묻고 싶었던 질문을 던졌다.

"선생님께는 불교의 공이 어떤 의미인가요?"

그가 대답했다.

"나는 불교도가 아니오. 힌두교도지요. 원래는 프랑스의 베지에 출신인데 첸나이, 즉 마드라스에서 41년째 살고 있소."

"예, 나도 그곳의 옛 이름이 마드라스라는 걸 압니다. 그럼 불교 사원에서는 뭘 하고 계세요?"

그가 웃음을 터뜨렸다.

"그냥 방문하는 길이오. 지금은 임시로 여기 살고 있어요. 장 마르크라고 하오."

데브라는 내가 그와 이야기중인 것을 보고 기다렸다. 나는 장 마르크에게 힌두교의 신과 그 의미에 대해 물었고, 그는 대답했다.

"나는 신이 하늘에 있지 않다고 믿소. 시바는 내 안에도 있고 당신 안에도 있지요."

"그러면 우리는 모두 세상의 파괴자인가요?"

내가 물었다. 그때 우리 주변의 관광객들이 불교 스님이 입는 것과는 다소 다른 약간 녹색을 띈 가사를 걸친 이 범상치 않은 남자에게 관심을 가졌다. 그들은 몰려들어 질문을 던졌다. 그가 내 질문에 답을 마치지 않았던 터였다. 나는 데브라에게로 걸어가 우리가 나눈 대화에 대해 이야기했다.

그녀가 말했다.

"아마 그분을 다시 볼 수 있을 거예요. 흥미로운 것들을 알고 있을 것 같네요."

우리는 걸어서 시내로 돌아가 강을 바라보고 있는 프랑스식 카페에서 음료를 마셨다.

다음 날 시내 중심가를 걷다가 장 마르크와 마주쳤다. 그는 젊은 인도인 친구와 함께 색상이 다채로운 불상을 사고 있었다. 나는 그에게 물었다.

"종교가 다르지 않았나요?"

그가 웃음을 터뜨렸다. 나는 전날 방해를 받았던 대화로 돌아가 우리 모두의 안에 있는 시바에 관한 이야기로 말을 이었다.

"글쎄요. 시바는 정말로 어디에든 있어요. 어떤 사람이 되었든 우리 모두의 안에도 있지요."

나는 이런 생각을 정확하게, 그리고 비극적으로 자기 자신에게 적용했던 한 남자를 떠올렸다. 로버트 오펜하이머였다. 1945년 7월 16일 새벽 뉴멕시코 사막에서 최초의 원자폭탄이 폭발하면서 오펜하이머는 인도의 서사시 바가바드 기타에 나오는 시바에 대한 구절을 씁쓸하게 떠올렸다. "나는 죽음, 세상의 파괴자가 된다."

"그러면 선생님은 불교에 관심이 있군요."

나는 그의 손에 들린 작은 불상 두 개를 가리키며 말했다. 하나는 붉은색, 다른 하나는 녹색으로 칠해져 있었다. 그가 말했다.

"물론이오. 동양의 종교들은 상호 밀접한 관계가 있어요. 가령 앙코르 와트 같은 곳을 보면 알 수 있지. 앙코르 와트는 비슈누에게 바쳐진 힌두교 성지로 시작했소. 바로 얼마 전에 꼭대기에서 10세기의 비슈누 신상 유적이 발견되었는데 알고 있소? 그리고 이제는 불교 사원이 되었지. 바로 그런 거요. 동남아시아 불교 국가들 도처에 있는 큰 새 가루다를 탄 시바의 그림이나 신상을 선생도 아마 봤을 거요."

나는 고개를 끄덕이며 말했다.

"카투스코티, 테트랄레마에 대해서도 질문을 드리고 싶습니다……. 나가르주나를 읽고 있었거든요."

"테트랄레마를 이해하기 위해 나가르주나를 읽을 필요는 없소. 서양인의 눈에 괴상하게 보이는 그 논리는 불교 그 자체만큼 오래된 거요. 나가르주나는 그저 나중에 해석한 사람들 중 하나일 뿐이지. 불교 가장 초기의 현상을 연구해야 해요. 수학자라고 하니 선생은 아마 철학적인 분석을 하고 싶겠지……. 어쩌면 그것이 선생의 두 질문 모두에 답이 될 거요. 내가 머무는 곳에 오시겠소?"

우리는 그의 제안에 감사를 표한 뒤 그와 그의 친구와 함께 메콩 강의 지류인 남칸으로 향했다. 강둑에 도착한 우리는 강가 모래사장으로 내려갔다. 빠르게 휘몰아치는 강물 위로 위태로워 보이는 대나무 다리가 반대쪽 강둑까지 뻗어 있었다. 양쪽 대나무 난간을 잡고 조심스럽게 걸어 반대쪽에 도착했다. 그런 다음 언덕 꼭대기에 자리 잡은 오두막집까지 이어지는 가파르고 먼지가 풀풀 날리는 좁은 길을 올라갔다. 이윽고 그의 좁은 거실에 앉자 그가 차를 권했다. 그러고는 뒤에 있는 서가를 향해 몸을 돌려 책을 한 권 꺼내 펼치더니 큰 소리로 읽어 주었다.

"초기 불교 논리에서 어떤 상황에서도 가능성이 있거나 없거나, 둘 다이거나 둘 다 아닌 네 가지 가능성을 가정하는 것이 일반적이었다. 이것이 카투스코티(또는 테트랄레마)이다. 고전적인 논리학자는 이것을 이해하기가 어려웠지만 일급 함의(First Degree Entailment)처럼 모순이 용인되는 여러 논리 의미론에서는 완벽하게 말이 된다. 이 옵션 가운데 하나도 제시하지 않거나 하나 이상을 제시하는 듯한 나가르주나 같은 후대의 불교 사상가들이 되면 문제가 더 복잡해진다."[46]

글을 읽는 동안 그는 가부좌를 틀고 우리 맞은편의 매트 위에 앉아 있었다. 그는 긴 회색 턱수염을 만지작거리고 몇 분마다 멈춰 차를 홀짝였다. 갑자기 그는 눈을 감더니 명상에 잠겼다가 조금 뒤 다시 눈을 뜨고 말을 이었다.

"불교의 사상에서 형식으로 만들려는 우리의 시도에 가장 방해가 되는 것 같은 논증 구조가 확실히 카투스코티 또는 테트랄레마요."[47]

부처님, 즉 인도의 왕자인 고타마 싯다르타가 살았던 기원전 6세기에 이미 카투스코티가 초기 불교 사상에 출현한 것을 보여 주는 서술이 있다. 장 마르크는 부처님이 가장 심원한 형이상학적 질문을 받았을 때 있었던 일을 읽어 주었다.

"이건 어떻습니까, 고타마? 고타마는 죽음 뒤에 성(聖)이 존재하며 이런 관점만이 참이며 다른 것은 거짓이라고 믿습니까?

아니다, 바카. 나는 죽음 뒤에 성이 존재하며 이런 관점만이 참이며 다른 것은 거짓이라고 여기지 않는다.

이건 어떻습니까, 고타마? 고타마는 죽음 뒤에 성이 존재하지 않으며 이런 관점만이 참이며 다른 것은 거짓이라고 믿습니까?

아니다, 바카. 나는 죽음 뒤에 성이 존재하지 않으며 이런 관점만이 참이며 다른 것은 거짓이라고 여기지 않는다.

이건 어떻습니까, 고타마? 고타마는 죽음 뒤에 성이 존재하는 동시에 존재하지 않으며 이런 관점만이 참이며 다른 것은 거짓이라고 믿습니까?

아니다, 바카. 나는 죽음 뒤에 성이 존재하는 동시에 존재하지 않으며 이런 관점만이 참이며 다른 것은 거짓이라고 여기지 않는다.

이건 어떻습니까, 고타마? 고타마는 죽음 뒤에 성이 존재하지 않는 동시에 존재하지 않지도 않으며 이런 관점만이 참이며 다른 것은 거짓이라고 믿습니까?

아니다, 바카. 나는 죽음 뒤에 성이 존재하지 않는 동시에 존재하지 않지도 않으며 이런 관점만이 참이며 다른 것은 거짓이라고 여기지 않는다."[48]

장 마르크가 우리에게 읽어 준 글에 따르면 이런 난제를 해결하는 유일한 방법이 마지막 두 가능성, 둘 다 참이면서 참이 아니고 둘 다 참이 아니면서 참이 아니지도 않은 가능성이 공이라는 결론을 내리는 것이다.[49] 장 마르크는 의기양양하게 우리를 올려다보았고 나는 내 예감이 옳았다는 것을 깨달았다. 카투스코티 또는 테트랄레마가 무너진다. 네 개의 모퉁이를 고집하면 이 모퉁이들이 사라지며 우리에게는 공집합이 남는다. 즉 공, 슈냐타 혹은 그냥 제로이다.

카투스코티의 특이한 동양 논리와 공 사이에서 제로로 이어지는 내가 오랫동안 찾던 연관 관계가 이제 뚜렷해졌다. 카투스코티의 네 가지 가능성이 지닌 논리적 역설을 수학적으로 유일하게 해결할 수 있는 방법이 수학의 공집합이었다. 위대한 공, 완전한 무, 궁극적인 제로였다. 장 마르크가 말했다.

“바로 그거요. 테트랄레마가 직접 슈냐타로 이어지지요.”

우리 모두는 그를 보았고 그는 말을 이었다.

“불교는 공, 즉 서양 사람은 가지지 않은 것을 강조하오. 원한다면 이게 선생이 찾는 것이 될 수 있을 것 같군요. 동양에서 제로의 근원은 부처님만큼이나 오래되었지요. 1,600년이나 되었으니까.”

우리는 한동안 조용히 앉아 있었다. 그러다 내가 질문했다.

“고맙습니다. 혹시 무한에 대해서도 말해 줄 수 있을까요?”

그는 웃더니 말했다.

“아, 그건 너무 크구먼. 다른 날은 어떻겠소?”

“그러면 내일 와도 될까요?”

“그럼요.”

그가 대답을 했고 우리는 악수를 했다. 데브라와 내가 일어나자 그의 인도인 친구가 우리를 언덕 아래 대나무 다리까지 데려다주었다.

17

데브라는 다음 날 하루 종일 사진을 찍으며 보내기로 했다. 우리는 전날 갔던 메콩 강이 보이는 카페에서 늦은 오후에 만나기로 했다. 그 사이에 나는 동양의 무한에 대한 장 마르크의 관점을 더 알아보기 위해 언덕 꼭대기에 있는 작은 집으로 그를 만나러 갔다. 힌두교는 무한 개념과 친숙하기 때문에 그 개념에 대해서 많은 것을 알 것 같았다. 유쾌한 그는 나에게 채소가 든 그린 카레와 밥을 권했다. 우리는 탁자에 둘러앉아 밥을 먹었다.

식사를 마친 다음 그가 말했다.

"동양 철학에서 무한을 알고 싶다고 했소?"

나는 그렇다고, 제로와 무한이라는 개념이 둘 다 동양에서 왔다고 생각하기 때문이라고 말했다. 장 마르크가 말을 이었다.

"알겠지만 부처님 본인도 수학자였지.《방광대장엄경》같은 초기 경전을 보면 부처님은 탁월한 산술 능력을 보였고, 숫자를 다루는 능력을 사용해 고파 공주의 관심을 얻을 수 있었다오. 아주 큰 숫자를 포함한 숫자와 무한의 한계가 그 경전에 이미 나와 있어요. 물론 힌두교에도 무한한 시간, 무한한 공간 등 무한이 많이 언급되지. 동시대 서양보다 인도 철학에는 훨씬 널리 퍼져 있었소. 서양에는 무한하게 존재하는 하느님이라는, 여러 가지 의미에서 다소 모호한 관념이 있을 뿐이었지. 하지만 자이나교를 꼭 봐야 한다오. 역시 일찍이 시작된 종교이니까. 특히 자이나교도들은 아주 큰 숫자에 관심이 많았소."

그는 서가로 걸어가 책을 한 권 꺼내더니 휙휙 넘겼다. 그러다가 그가 무한한 양이 2,000년 전에 만들어진 《아누요가바라 수트라(탐구의 문)》라는 자이나교 경전에 언급되어 있다고 말했다. 거기서 나오는 무한한 양은 "다중 곱셈"이라고 부르는 작업에서 나온다. 아마도 거듭제곱을 뜻하는 말일 것이다. 그렇다면 그것은 2,000년 전에 살았던 자이나교도들이 무한에 대해 뭔가를 아주 깊이 알았다는 것을 시사한다.

"놀랍네요."

내 말에 그는 미소를 지었다.

"그렇소. 고대 인도인들은 서양의 수학자들이 무한을 깨달았던 것보다 적어도 1,800년 전에 알았던 것이지."

"칸토어의 연구에 대해서도 압니까?"

나는 깜짝 놀라서 물었다.

"물론이오. 나는 오랫동안 철학을 공부했다오. 수리철학도 포함해서요."

무한의 개념을 진짜 수학적으로 이해했다는 증거가 그렇게 일찍, 그것도 독일이 낳은 위대한 천재인 수학자 게오르그 칸토어가 설명한 것보다 훨씬 오래 전에 나온 자이나교의 경전을 토대로 해 준 이야기는 정말 놀라웠다. 물론 내가 전에는 알지 못한 것이었다.

칸토어는 1800년대 후반에 독일 동부 할레 대학교의 수학자였고 거기서 단독으로 무한 수학을 발전시켰다. 그는 당시 유럽에서 가장 중요한 대학 가운데 하나인 베를린 대학교에서 수학계의 거장 칼 바이어슈트라스 밑에서 공부했다. 바이어슈트라스는 우리가 실수, 즉 유리수(정수 또는 정수의 몫)와 무리수(정수의 몫으로 나타낼 수 없는 파이 같은 숫자) 둘 다 들어가는 실수 수직선 위의 숫자들을 이해하는 데 크게 기여했다. 그는 독일의 다른 수학자인 리하르트 데데킨트와 함께 무리수가 순환하지 않는 무한 소수로 전개된다는 것을 알았다. 가령 0.48484848……같은 것과 비교해서 0.1428452396……같은 것이었다. 전자와 같은 순환 소수는 항상 유리수와 같은 것, 두 정수의 비로 나타낼 수 있는 것으로 증명할 수 있다. 이 경우에는 16/33이다. 순환하지 않는 소수는 절대 비율이 되지 않는다. 즉 두 정수의 비로 나타낼 수 없다는 말이다. 칸토어는 이 연구를 실제 무한에 대한 심오하고 새로운 이해로 확장시켰다. 그는 무리수의 소수 전개가 순환하지 않으며 무한하다는 것을 이해했다.

그는 또한 직관에 어긋나는 어떤 것을 이해했다. 무한의 수준은

칸토어의 깊은 수학 분석

수학 역사상 가장 빛나는 증명 가운데 하나는 칸토어가 유리수－정수인 분자와 분모로 된 분수－의 무한 "크기"가 정수와 같다는 것을 증명한 것이다.

칸토어는 거듭제곱이 무한의 어떤 수준에서 더 높은 수준으로 무한수를 가져갈 수 있는 가장 하위의, 그리고 우리가 아는 유일한 수적 이동이라는 것을 알았다. 거듭제곱은 본질적으로 거듭제곱 집합－주어진 집합의 모든 부분 집합의 집합－으로 가는 이동이다. 이것이 버트런드 러셀의 역설이 정말로 역설인 이유 중 하나이다. 어떤 집합도 그 집합의 거듭제곱 집합을 포함할 수 없기 때문에 우리는 전체 집합을 발견할 수 없다. 예를 하나 들어보자. 개별 원소가 두 개만 있는 집합이 있다고 하자. 이것을 집합 X라고 하고 원소를 a와 b라고 하자. 원소가 a와 b, 두 개뿐인 집합 X의 거듭제곱 집합은 X의 모든 부분 집합이 들어간 집합이다. 그러므로 0(공집합), a, b, (a, b) 집합이 들어간다. X의 부분 집합은 이것이 전부이다. 거듭제곱 집합은 언제나 집합 자체보다 크다. (집합 X 자체는 a와 b만 가지고 있기 때문이다.) 거듭제곱 집합의 원소가 더 많은데 이것은 거듭제곱 집합의 원소가 2^n개가 되기 때문이다. N은 원래 집합에 속한 원소의 개수다. 그러니 어떤 집합에서든 거듭제곱 집합은 원래 집합보다 크다. 만약 모든 것이 포함된 집합이 있어도 그 집합보다 거듭제곱 집합이 더 크기 때문에 원래 집합에 모든 것이 포함되어 있다는 전제가 사라진다. 스님이 말해 준 것처럼 "모든 것은 모든 것이 아니다."[50]

다양하다. 즉 모든 무한한 양의 크기가 동일하지 않다. 무한할지라도 어떤 숫자는 다른 무한한 숫자보다 클 수 있다. 칸토어는 그것을 수학적으로 증명할 수 있었다. 두 집합이 확실히 무한해도 무리수의 집합은 모든 정수의 집합보다 높은 무한성을 지닌다. 그것은 정수보다 무한수가 더 많기 때문이다.

칸토어의 무한 개념은 당대 수학계에서 논란이 많았다. 자신의 연구에 대한 푸대접과 무한 이론을 전개하면서 마주쳤던 어려움 때문에 그는 오랫동안 정서 불안에 시달렸다. 그는 평생 우울증을 앓았으며 상당한 기간을 병원에서 보내다 1918년 할레에 있는 정신 병원에서 사망했다. 그는 세상에 무한을 설명했다. 칸토어는 수직선 위의 어떤 두 숫자 사이 숫자들의 연속체는 n, 정수(여기서 n은 무한이다)가 있을 경우, 2^n 요소를 가진다는 것을 보여 주었다. 우리는 "기하급수적으로 자란다"는 말이 무슨 뜻인지 안다 – 어떤 숫자, 여기서는 2를 무한으로 제곱하면 기하급수적으로 커지는 무한이 되는 것을 볼 수 있다. 칸토어는 이렇게 해서 무한대의 실수 체계가 무한대의 유리수 체계 혹은 정수 체계보다 높다는 것을 보여 주었다.

어찌되었든 장 마르크가 해 준 이야기를 바탕으로 볼 때 고대 인도의 자이나교도들이 무한수를 거듭제곱하면 무한의 수준이 올라간다는 것과 거듭제곱이 유한하긴 하지만 정말로 큰 숫자를 낳는다는 것을 이해했을 가능성이 있다. 장 마르크가 말했다.

"당신도 알겠지만 고대 인도인들은 칸토어가 1800년대 후반에 했던 것과 거의 비슷하게 무한을 이해했소."

"그렇다면 이건 어떤가요? 제로는 카투스코티 논리를 통해 슈냐타에서 나옵니다. 그리고 무한은 2,000년을 거슬러 올라가는 힌두교, 자이나교, 어쩌면 불교까지 포함된 수학적, 철학적 숙고에서 나온다는 말이지요."

"타당한 말이로군요."

장 마르크가 그렇게 말하고는 뭔가 산만해진 것처럼 이마를 문지르더니 길고 곱슬한 회색 머리를 빗었다. 그러더니 갑자기 생각난 것처럼 덧붙였다.

"그런데 말해 봐요. 숫자란 게 정말로 존재하는 거요?"

그는 의기양양하게 나를 보며 말했다.

"그것이야말로 수리 철학 전체에서 가장 어려운 문제네요."

내가 말했다.

"바로 그래요. 숫자는 우리의 가장 위대한 발명이고 제로는 그중에서도 최고이지요. 하지만 숫자가 우리 의식 바깥에 존재하는지, 우리 주변의 세상을 이해하는 것을 돕는 역할 이외의 다른 것으로 존재하는지 여부는 해결되지 않는 난제입니다. 나는 많은 수학자들을 인터뷰해서 어떻게 생각하는지 물어봤어요."

"뭐라고들 했소?"

그가 물었다.

"대다수는 플라톤 학파더군요. 그들은 숫자가 존재하는 플라톤적 환경이 있다고 믿어요. 사람이나 동물이나 다른 물리적인 현실과는 별개로요. 하지만 다른 사람들은 이 질문에서 입장이 갈리지요. 선생님은 어떻게 생각하세요?"

"힌두교로로서 나는 분명히 내재되어 있는 신성의 존재를 믿어요. 말했듯이 나는 시바가 내 안에, 당신 안에, 모든 것과 모든 사람 안에 있다고 믿소. 우리가 여기 없어도 시바는 여전히 존재하지. 숫자와 수학과 모든 영적인 본질도 마찬가지요. 사람을 넘는 존재가 있고, 숫자도 그런 거요."

나는 그의 깊은 지식과 동양적 철학에 감명을 받았다. 나는 분명히 제로라는 개념 발견—발명한 것이든 잠재된 존재에서 추론한 것이든—에 대해 아시아에서 처음으로 알려진 유형 증거에 대한 탐색을 계속해 나가야 할 터였다.

장 마르크에게 감사를 표하고 언덕을 내려가 대나무 다리로 갔다. 다리지기에게 통행료로 1달러를 내고 다리를 가로질러 루앙프라방으로 돌아간 나는 데브라를 만나기 위해 카페로 갔다.

우리는 함께 디저트를 먹었다. 파리가 아니라면 아마 세상에서 가장 맛있는 패스트리를 먹기에 좋은 장소는 루앙프라방일 것이다. 우리는 사과파이를 나눠 먹었다. 우리는 강 위로 낀 옅은 흰색 안개 사이로 붉은색과 오렌지색이 눈부시게 아름다운 그림자를 드리우는 메콩 강의 일몰을 바라보았다. 나는 장 마르크와 나눈 대화에 대해 이야기했다.

"말하는 게 로저 펜로즈 같은 구석이 있네요."

그녀가 우리 둘 다 읽은 펜로즈의 숫자가 발명되었는지, 발견되었는지를 다룬 책인《실천에 이르는 길》을 언급하며 말했다.

우리는 시내가 내려다보이는 언덕 위에 자리 잡은 한적한 호텔까지 같이 걸었다. 나는 이 황홀한 도시에서 찾고자 했던 것을 발견했다. 불교와 힌두교와 자이나교의 1,000년이 넘는 지혜에 내재된 제로의 근원과 무한의 근원이었다. 이제 나는 K-127에 대한 구체적인 정보가 간절히 필요했고 어서 캄보디아로 날아가 조르주 세데스가 80년 전에 연구했던 크메르의 제로를 찾고 싶었다. 나는 그 비문이 라오스와 동남쪽으로 이웃했던 크메르 루즈의 파괴와 시간의 우여곡절을 견디고 살아남았기를 바랐다.

다음 날 우리는 택시를 불러 여행객의 수요가 증가하는데도 여전히 거의 비어 있는 작은 공항으로 향했다. 사람들이 새로 지어질 공항과 북쪽에 있는 중국에서 이어질 고속 철도 건설에 대해 이야기하고 있었다. 두 프로젝트가 끝나면 루앙프라방은 중국과 다른 관광객들로 꽉 차게 될 것이다. 가격이 올라갈 테고, 고층 호텔들이 지어질 테고, 평화로운 분위기도 바뀔 터였다.

나는 이번에는 출국하기에 부적합한 여권이라며 벌금을 또 내라고 할까 봐 조금 걱정이 되었다. 하지만 다행히도 내 여권에 도장이 찍혔고 무사히 비행기에 오를 수 있었다. 우리는 방콕으로 돌아갔고 데브라는 곧 집으로 향하는 비행기를 탔다. 루앙프라방에서 보낸 우리의 짧은 두 번째 신혼여행은 너무 빨리 끝났다. 나는 방콕에 남아 K-127의 행방에 대한 정보를 기다렸다.

18

내가 추구하던 몇몇 계획을 정리하는 걸 도와줄 누군가가 필요하던 바로 그때, 친구인 제이콥 메스킨에게서 전화가 걸려 왔다. 그는 프린스턴 대학교에서 공부한 철학 교수이자 동양과 동남아시아 종교의 전문가였다. 우리는 여러 달 동안 대화를 하지 못한 터라 친구와 철학에 대해 밀린 이야기를 나눴다. 나는 시험 삼아 제이콥에게 제로와 슈냐타와 카투스코티에 대한 내 관점을 설명했다. 그가 말했다.

"흥미로운 관계로군. 실제로 나가르주나는 공을 핵심적인 원리로 이야기한다네. 물론 텅 빔, 말하자면 공집합이 '네 모퉁이'의 해법이야. 여기엔 좋은 해법이 별로 없지."

그는 픽 웃었다.

"삼법인, 사성제, 팔정도, 십이인연 등 불교에는 숫자가 아주 많아. 그렇다면 숫자 이야기를 해 보게. 왜 제로가 그렇게 중요한가? 나는 정말이지 그건 이해가 안 돼."

나는 자리 값인 제로를 사용한 덕분에 숫자를 순환할 수 있게 된 것을 설명했다. 덕분에 우리는 같은 기호 아홉 개(더하기 제로까지)를 다른 용도로 몇 번이고 계속 사용할 수 있다. 가령 우리는 숫자 1로 수의 하나를 나타낼 수 있다. 그런데 제로를 1의 오른쪽에 놓으면 같은 기호인 1이 이제 10을 의미하게 된다. 4 혼자로는 넷을 뜻하지만 그 뒤에 제로를 두 개 놓으면 사백이 된다. 즉 4백, 0십, 그리고 0단위를 뜻한다. 자리 값인 제로의 존재가 그 안에 제로가 없는 수에도 의미를 부여하는 것이다. 예를 들어 수 140이 없다면 143은 이런 식으로 쓸 수 없는데 140은 비어 있는 단위에 자리 값인 제로가 필요하다. 제로가 없다면 이런 수 가운데 어떤 것도, 그런 수를 조작해서 만드는 것도 불가능하다고 설명하며 그가 말을 이었다.

"그것 참 재미있군. 사실 나가르주나는 장소에서 장소로 이동할 수 있는 공에 대해서도 이야기하지. 자네가 말한 자리 값인 제로처럼 말이야. 어쩌면 그도 그것을 알았을지도 몰라. 아이들이 장난감을 가지고 노는 걸 좋아하듯이 나는 이런 생각을 하는 것이 좋아. 옮겨 다닐 수 있는 숫자가 달린 사각형이지만 숫자는 사각형이 하나 빠진 빈자리가 있기 때문에 이동할 수 있어. 빠진 조각 덕분에 우리는 숫자를 한 번에 하나씩 옮겨 숫자 순서에 맞출 수 있고. 그래, 알겠지만 공은 모든 곳에 존재하고 옮겨 다니지. 자네가 수를 특정한 한 방식으로 쓰면 하나의 진리를 뜻하고 다른 방식으로 쓰면 또 다른 진리를 상징할 수 있어. 숫자가 수천이 되지는 않아!"

나가르주나의 공에 대한 분명한 관점과 역동적이고 움직일 수 있는 조각인 제로에 대한 생각은 확실히 흥미로웠다.

내가 인도에서는 수학과 섹스와 종교가 한데 얽힌 것 같다고 이야기하자 제이콥이 대답했다.

"미안하지만 자네가 이걸 충분히 생각했다는 건 알겠어. 그런데 내게는 이 대화에 연결선이 있는 것 같아. 숫자와 섹스 사이에 말이야. 기묘하지만 이런 게 있네. 나가르주나가 《무라 마디아마카 카리카스(mula madhyamaka karikas, 중론)》의 24장 말미에서 그걸 표현하지. 이 장에서 그는 앞서 23장에서 본인이 제시했던 관점을 공격하는 비판자를 그려 보고 있어. 나가르주나는 비판자가 허무주의 같은 것 때문에 본인을 비난할 거라고 상상해. 상상 속의 비판자가 사실상 말하는 거야. '이봐, 나가르주나, 당신이 불교를 슈냐타를 가르치는 종교로 만들었잖아. 그렇지만 그건 모든 것이 비어 있다는 뜻이지. 꼭 아무것도 진짜 참이지 않다고 말하는 것 같지 않아? 그리고 그건 부처님이 말한 모든 게 진짜 참이지 않다는 말이지 않아?'"

제이콥의 이야기는 이어졌다.

"나가르주나의 대답이 정말 멋지다네. 그는 비판자가 모든 것을 거꾸로 보고 있는데 이는 부처님이 말한 진리를 비롯해 모든 것이 사실은 비어 있기(슈냐타) 때문이라는 거지. 일종의 '슈냐타가 없으면 아무것도 작용하지 않고 슈냐타가 있으면 모든 것이 작용한다.'와 같은 말이야."

제이콥은 잠시 말을 멈췄다.

"나가르주나의《무라 마디아마카 카리카스》의 일부가 몇 장이 인터넷에 번역되어 있는 걸 보내겠네. 24장도 그중에 있어. 원한다면 내가 자네와 함께 검토해 봐도 좋겠지. 핵심은 이걸세. 모든 것에 진짜로 영원하고 변하지 않는 속성, 산스크리트어로는 스바 바바라고 하는 본질이 있다면 부처의 근본적인 주장, 즉 모든 것이 복잡하게 엮인 인연들을 통해서만 생긴다는 것은 참일 수 없어. 부처는 모든 것이 다른 것들의 방대한 인과 관계에 끝없이 얽혀 있기 때문에 어떤 것도 진정으로 혼자 오롯한 것이 될 수 없다고 하지. 본질도 마찬가지야. 이것이 연기설이라고 하는 불교의 근본적인 진리야. 자, 여기서 섹스와의 흥미로운 관계가 나오네. 슈냐타는 존재의 근본적인 개방성이 되는 것처럼 보이지. 수용성 말이야. 그 자체가 그 안에서 변화와 변동과 움직임이 가능한 유연한 프레임이야. 꼭 일품요리를 시키는 것처럼 나가르주나 안에서 취사선택이 가능하다고 말하는 것 같잖아. 그런데 그건 전부 제로(슈냐타)가 있는 덕분에 강도(숫자)에 차이가 생길 수 있는 거야. 빈자리가 없으면 움직일 수 없어. 제로가 없으면 수도 있을 수 없어. 누가 감히 제로가 어떤 의미에서는 자궁, 질의 법칙이고 수가, 제로와는 반대되는 수의 양에서, 음경의 법칙이라고 추측하는 위험을 무릅쓰겠나? 음…… 받아들일 준비가 된 수용적이고 감싸 주는 빈 곳의 은총으로만 흥망성쇠할 수 있는 곳에서 숫자가 앞뒤로 움직여 성교의 메아리를 계산하거나 측정하거나 가이거 계수기로 표시하거나 디지털로 나타낼 수 있다는 말인가?"

제이콥의 이론은 재미있고 흥미진진했으며 나는 그런 생각을 더 찾아볼 수 있기를 고대하였다.

19

첫 제로가 있는 크메르 비문에 대한 정보를 기다리면서 시간을 보내기 위해 나는 방콕에서 가장 좋아하는 장소 가운데 하나인 짐 톰슨의 집을 찾아갔다. 1906년에 태어난 짐 톰슨은 미국의 사업가로 프린스턴 대학교를 졸업하고 제2차 세계 대전 중 CIA 정보원으로 일했다. 그러던 중 그는 뉴욕에서 성공적인 경력을 포기하고 태국으로 이주했다.

태국에 온 짐 톰슨은 이 나라에 어떤 외국인보다 주목할 만한 기여를 했다. 죽어 가던 가내 공업 형태의 실크 생산을 되살린 것이다. 그의 선견지명과 사업적 감각은 몇 년 안에 태국을 세계에서 손꼽히는 실크와 실크 제품의 생산국으로 바꿔 놓았다. 그는 태국 전역의 소규모 생산자들과 가족 단위로 운영하는 실크 직조 산업에 장려금을 지급하고 수출 회사에 공정한 조건으로 판매할 수 있게 했다.

톰슨이 방콕에서 거주하는 외국인 가운데 유명인이었기에 역시 중요한 인물이던 조르주 세데스와도 알고 지냈을 가능성이 있다. 긴

밀하게 조직된 방콕의 외국인 사회에서 주요 인물들이 만나고 교류하는 행사가 많았다. 하지만 둘이 실제로 만났다는 증거는 없다. 톰슨은 태국에 오면서 이혼했고, 이곳에서 유럽인과 미국인 사회의 많은 여성들을 만났다. 연인이 되었던 사람도 여럿이었지만 장기간 사귄 사람은 없었다.

톰슨은 집을 도심 중심의 수로 옆에 지었다. 실제로는 연결된 여러 채의 집이었다. 이 건물들은 태국 시골의 전형적인 양식으로 설계되었다. 강이나 수로가 범람할 때 침수가 되지 않도록 기둥 위에 목조 건물을 올리고 검붉은 색으로 칠한 집이었다. 그는 아시아 예술품을 열렬히 수집하기도 했는데 아직도 아름다운 아시아 예술품들의 인상적인 컬렉션이 있는 그의 집은 박물관 같은 기능을 한다.

1967년 예순한 살이 된 톰슨은 친구 세 명, 그리고 한 부부와 그의 여자 친구와 같이 가까운 말레이시아로 짧은 여행을 떠났다. 그들은 카메론 하일랜즈라는 휴양지로 가서 산장에 머물렀다. 오후 느지막이 톰슨은 친구들에게 산책을 다녀오겠다고 말하고 산장을 나서 하이킹 코스를 따라갔다. 그리고 다시는 나타나지 않았다.

실종되고 몇 시간이 지난 다음 경찰과 치안 요원 수백 명이 포함된 대규모 수색대가 꾸려졌고 그 지역을 샅샅이 뒤졌다. 톰슨이 외국인 중에서도 중요한 인물이었기에 산악 지대 전체를 조직적으로 몇 주나 수색했다. 그러나 오늘날까지도 짐 톰슨의 운명에 관한 믿을 만한 단서는 단 하나도 밝혀진 것이 없다. 그의 실종은 가장 불가사의한 수수께끼 가운데 하나로 남아 있다.

나는 짐 톰슨의 집으로 가서 실종이라는 문제를 곰곰이 생각했다. 로마에서 엔리코 페르미와 같이 연구했던 탁월한 이론 물리학자 에토레 마요라나의 이야기와 다소 비슷한 구석이 있다. 1938년 시실리에 살던 그는 나폴리로 가는 배를 탔는데 이후 아무런 증거도 남기지 않고 사라졌다. 톰슨과 마찬가지로 그에게 일어났을 법한 일들에 대한 추측이 난무했다. 한 가지 가설은 어쩌면 끔찍한 전쟁이 발발하리라는 것과 그와 페르미의 물리학 연구가 세상을 멸망시킬 수 있는 무기를 만드는 데 쓸 수도 있다는 것을 예감한 그가 해변에 이르러 아무에게도 모습을 보이지 않고 배를 떠나 수도원으로 가서 몸을 감췄다는 것이었다.

또 나는 사라진 다른 사람, 내 주제와 아주 밀접한 연구를 했던 알렉산더 그로텐디크를 떠올렸다. 물론 그는 살아 있다는 충분한 증거가 있다. 마요라나와 톰슨은 살아 있다는 어떤 증거도 남기지 않았다. 그러나 둘 중 하나, 혹은 두 사람 모두가 실종된 뒤 적어도 한동안은 살아 있었는지 누가 알겠는가?

그로텐디크가 가끔 공식 발표를 하기 때문에 그가 아직 살아 있다는 것을 알고 있다. 마지막 발표는 2011년이었다. 그는 은신처에서 파리의 한 수학자 앞으로 편지를 보내 발표되거나 발표되지 않은 자신의 모든 연구가 개인적으로든, 공적으로든, 혹은 그 중간쯤에 위치하는 어떤 채널로든 유통되는 것을 즉시 그만두라고 요구했다. 놀랍게도 그의 동료들은 그것이 수학계가 그의 연구에 접근할 길이 없어지는 것을 의미함에도 불구하고 이 요구에 따르기로 했다. 며칠 안에 사이버 공간에 있는 사본을 포함한 그의 출간물 대부분의 유통이 중단되었다. 다행스럽게도 나는 이미 그로텐디크의 《거두기와 뿌리기(Recoltes et Semailles)》라는 제목을 가진 929쪽이나 되는 엄청난 양의 자전적인 수학적 장광설 사본 한 부를 이미 확보해 두었다. 1986년에 프랑스어로 쓰여서는 원고 상태로 그의 친구들이 돌려봤던 이 두서 없는 문서에는 수학에 대한 자전적인 설명과 우주에 대한 생각이 뒤섞여 있다. 그는 그것을 출판하고 싶었지만 잘 되지 않았다. 한편 원고는 수학자들 사이에서는 큰 호평을 받았다. 비록 지금은 그의 요청에 따라 종이든 전자 형태이든 대부분의 사본이 파기되었지만 말이다.

때마침 나는 다른 실종자의 정원에 있는 보리수나무 아래 앉아 그로텐디크의 책 사본을 읽었다. 그로텐디크는 함부르크에 살던 아주 어린 시절부터 숫자에 얼마나 매혹되었는지 설명한다. 무정부주의자인 부모님 한카 그로텐디크와 사샤 샤피로(둘은 결혼하지 않았고 그로텐디크는 어머니의 성을 사용한다)가 1936년 스페인 내전에서 지는 편인 공화파 쪽에서 싸우고 있었기 때문에, 그는 수양 가족과 살았다. 공화파가 프랑코가 이끄는 파시스트에게 패하고 스페인에서 쫓겨나자 이 커플은 피레네 산맥을 다시 가로질러 프랑스로 들어갔지만 프랑스 경찰에 바로 붙잡혔다. 결국 그들은 임시 수용소로 끌려

갔다. 그로텐디크는 제2차 세계 대전 동안 어머니와 함께 전시 수용소에서 지냈고 아버지는 아우슈비츠로 보내져 죽음을 맞았다.

그로텐디크에게는 수가 전부였다. 수의 마법, 즉 정신의 가장 훌륭한 발명 혹은 이미 존재하던 진리의 발견에 혼을 빼앗긴 그는 수가 어떻게 생기게 되었는지에 대한 생각을 멈출 수 없었다. 《거두기와 뿌리기》에서는 어렸을 때 학교에 가는 게 정말 좋았다고 쓰고 있다. 그가 어머니와 살았던 프랑스의 "위험 인물" 수용소에서는 학교에 가는 것이 보기 드문 특권이었다. 학교에서 그는 이렇게 썼다

"Il avait la magie des nombres (수의 마법이 있었다)."

하지만 어린아이도 알듯이 세상에는 모양과 형태와 기하학과 척도도 있었다. 아직 초등학생이던 그는 고대 그리스인들이 추구했던 목표, 즉 모양과 기하학을 숫자와 결합시키는 것을 꿈꿨다. 이 책에서 그로텐디크는 "Les epousailles du nombre et de la grandeur (숫자와 크기의 결혼)"이라고 쓰고 있다. 수의 발명에서 시작한 이 아이디어는 모티브, 층, 위상이라고 이름을 붙인 개체처럼 혁명적인 개념을 발명한 것을 포함해 그의 가장 큰 성취로 이어질 수 있는 발상이었다. 그런 추상적인 개념들은 숫자에 대한 기초적인 생각에서 나왔지만 그런 개념들이 기초적인 생각을 고도로 이론적이면서 무지막지하게 넓은 수학 영역으로 확장시킨다.

대수학은 그로텐디크가 가장 위대한 업적을 남긴 분야인 대수기하학을 통해 기하학과 연결된다. 모양에 대한 이론인 기하학은 거리

개념과 연속 함수로 공간을 변형하는, 보다 추상적인 방식으로 모양에 대한 관념을 다루는 수학 분야인 위상 수학으로 확장된다. 그로텐디크는 이 영역에서 층과 위상을 정의했다.

소수는 그로텐디크의 연구에 아주 중요하다. 소수야말로 수를 구성하는 집짓기 블록(소수가 아닌 수는 소수의 곱이기 때문에 소수가 기본이다)과 같기 때문에 대부분의 수학자들에게 중요하다. 언젠가 그로텐디크가 소수를 뼈대로 쓰고 전반적인 연구 성과로 살을 붙인 어떤 주제에 대해 강연을 했다. 청중 한 명이 손을 들고 질문했다.

"구체적인 사례를 들어 줄 수 있습니까?"

그로텐디크가 말했다.

"실제 소수 말씀이신가요?"

질문자는 그렇다고 말했다. 그로텐디크는 고도로 추상적인 추론을 계속 이어가고 싶어서 근질근질했다. 그래서 그는 아무 생각 없이 말했다.

"좋습니다. 57을 예로 듭시다."

그리고 칠판으로 걸어갔다. 물론 57은 19×3이므로 소수가 아니다. 그래서 이 숫자는 애정을 담아 "그로텐디크의 소수"라고 알려지게 되었다.

집합론의 한계에서 우리를 해방시켜 준 위상과 범주론을 연구했던 그로텐디크이지만 그는 집합과 원소가 맨 먼저 수를 가장 멋지게 규정할 수 있는 방식이라는 것을 알았다. 숫자가 실제로 무엇인가

하는 고도로 이론적인 이 정의는 인간이 지금까지 내놓은 가장 강력한 아이디어인 완전한 텅 빔, 공, 슈냐타를 사용한다. 수학에서 절대적으로 아무것도 없는 것은 공집합으로 정의된다.

공집합을 사용하여 우리가 숫자를 다음과 같이 정의할 수 있다는 것이 밝혀졌다. 제로는 그냥 공집합이다. 이제 숫자 1을 원소가 공집합뿐인 집합으로 정의한다. 2는 원소가 두 개－공집합과 공집합을 포함한 집합－인 집합으로 정의할 수 있다. 숫자 3은 공집합, 공집합을 포함한 집합, 공집합과 공집합을 포함한 집합으로 구성되는 집합이 든 집합이다. 순전히 비었다는 개념과 집합으로 시작해 이런 식으로 계속 나가면 모든 자연수(양의 정수)를 무한까지 정의할 수 있다. 각각이 하나 더 큰 인형 안에 계속 들어 있는 러시아 인형들처럼 각 숫자는 하나 더 큰 숫자 안에 포함된다. 제이콥이 슈냐타－자궁 발상을 설명했을 때 내가 떠올린 것이 바로 이것이었다. 어떤 의미에서는 여기서 공집합이 모든 숫자를 "낳는다."

수학의 대가 그로텐디크는 이런 개념에서부터 아주 복잡한 수학을 구성할 수 있었다. 그런데 그가 진짜 동양의 아무것도 없음이라는 개념인 불교의 슈냐타를 알았을까? 실제로 그는 오랫동안 불교신자였다. 불교 신자가 아니었다고 해도 그는 비폭력, 타인에 대한 자비, 식습관 등 불교의 생각을 따랐다. 그는 '살아남기(Survivre Pour Vivre)'라는 반전 생존주의자 그룹을 발족하기도 했다. 그의 집은 늘 궁핍하고 도움이 필요한 사람들에게 개방되어 있었으며 그는 여러 반전 및 환경 운동 그룹에서 활발하게 활동했다.

1968년 파리 학생 혁명 당시 그로텐디크는 수학을 포기하기로 결심했다. 그해에 그는 마흔이 되었고 이를 생애 전환점으로 생각했다. 그 후로도 수학적인 연구를 내놓긴 했지만 말이다. 나는 제로와 동양의 공이 이 수학자의 삶에서 얼마나 중요한 역할을 했는지 궁금했다. 불교는 알렉산더 그로텐디크의 사고에 얼마나 영향을 주었을까? 나는 아직 답을 알 수 없었다.

20

호텔로 돌아와 컴퓨터를 켰을 때 앤디 블라우어의 친구인 로타낙 양에게서 학수고대하던 메시지가 와 있었다. 그는 자신의 부친이 영어를 전혀 하지 못하지만 수십 년 동안 캄보디아의 많은 비문과 조각상과 유물들을 인수해서 보존하는 앙코르 보존 협회라는 기관의 임원이라고 했다. K-127이 거기에 있을 가능성이 있었다. 하지만 캄보디아에서 크메르 루즈의 폭력이 마지막으로 재발했던 1990년에 앙코르 보존 협회는 크메르 루즈에게 약탈을 당했고 협회가 보관하던 유물 가운데 다수가 파괴되거나 강탈당했다. 그래서 K-127이 실제로 이 보관소로 옮겨졌다고 해도 아직 거기 있는지 여부는 불투명했다. 편지는 이렇게 마무리되고 있었다.

"하지만 저나 제 아버지는 더 이상 도움을 드릴 수가 없습니다. 저희가 추가로 정보를 드리려면 교수님이 캄보디아 문화 예술부에 연락해서 정보 습득 허가를 받으셔야 합니다."

나는 PC를 끄고 한숨을 쉬었다. 나는 여기 방콕에서 사라진 비문을 찾으러 캄보디아에 가기 위해 기다리고 있었다. 그런데 이제 내가 익숙하지 않은 관료 체계를 상대해야 했다. 나는 이 새로운 장애물에 대해 생각한 다음 로타낙에게 회신을 보냈다.

"어디서부터 시작하면 좋을지 힌트를 좀 줄 수 있을까요? 문화예술부에 혹시 아는 사람이 있으시면 제가 그쪽으로 연락을 해도 될까요?"

나는 메일을 보내고는 불교 사원에 들르기 위해 시내로 갔다.

호텔 옆에 차오프라야 강 이쪽저쪽으로 관광객들을 실어 나르는 보트 정거장이 있었다. 나는 북쪽으로 가는 배를 타고 왕궁 근처에서 내렸다. 왕궁은 왕의 생일인 휴일이라 닫혀 있었다. 들어가려 하자 무장한 경비원이 쫓아냈다. 거리를 건너 한 블록도 채 가지 않아 방콕에서 가장 큰 절 가운데 하나인 왓포가 나왔다. 이곳에 금으로 만든 유명한 와불상이 있었다. 나는 길이가 4.5미터나 되고 옆으로 누워 손으로 머리를 받치고 있는 금불상을 관람했다. 절 안에 "소매치기 조심"이라는 간판이 있었다. 나는 반사적으로 주머니를 만졌다. 지갑은 여전히 있었다.

바깥으로 나와 보트 선착장 방향을 향해 붐비는 길을 건너는데 한 중년 남자가 급하게 나에게 다가왔다. 그는 벌거벗은 여자들의 사진이 실린 컬러 카탈로그를 펼쳐 보였다.

"어린 여자."

그가 말했다.

"어린 여자."

나는 똑같이 되풀이하고는 그대로 그를 밀어젖혔다. 이것은 동남아시아의 재앙이었다. 미군이 전쟁에 지친 군인들에게 휴식과 여흥을 즐길 수 있도록 방콕으로 보내곤 했던 베트남 전쟁 이래로 이곳 사람들은 수익성이 좋은 장사 대상을 찾았다. 바로 여자들과 소녀들의 성을 서양인들에게 파는 것이었다. 그나마 경제 상황이 나아진 덕분에 최근에는 이런 현상이 꽤 줄었다.

몇 달 전 멕시코에서 열렸던 국제 학회에 강연 초청을 받았었는데 거기서 나는 〈뉴욕타임스〉의 기자인 니콜라스 크리스토프를 만났다. 내가 캄보디아로 갈 거라고 하자 그는 막 그곳에서 돌아왔다며 말했다.

"제가 거기 있을 때 사창가에서 매춘을 강요당하던 캄보디아 아가씨 두 명을 사서 풀어 주고 자립하는 훈련 프로그램을 받을 수 있는 곳으로 보내 줬습니다."

나는 세상에 크리스토프 같은 사람이 있다는 것이 기뻤다. 어쩌면 그가 이 뚜쟁이가 팔러 다니는 젊은 아가씨에게 자유를 사 줬을 수도 있었다.

샹그릴라로 돌아오자 로타낙의 답장이 와 있었다.

"H. E. 합 토우치 씨에게 연락해 보세요. 전화번호나 이메일 주소는 없지만 아마 찾을 수 있을 겁니다."

나는 H. E. 가 무엇을 뜻하는지 몰랐지만 일단 컴퓨터에서 합 토우치를 검색하기 시작했다. 나는 그가 프놈펜에 있는 캄보디아 국립 박물관의 역대 관장 중 한 명이라는 것을 알게 되었다. 좋은 신호였다. 이 사람은 오래된 유물에 대해 아는 게 많을 거라는 생각이 들었다. 나는 그가 내 탐구를 지원해 주길 바랐다. 그의 주소를 찾아 필요한 도움을 구하는 이메일을 썼다. 하지만 답장은 한동안 없었다.

며칠이 지난 뒤, 기쁘게도 합 토우치가 답장을 보냈다. 그는 자신과 직원들이 조사를 하고 있으며 비문의 행방에 관한 정보를 찾으려고 노력하고 있다고 했다. 합 씨는 실제로 나를 도와 비문을 찾으려고 많은 시간을 들였다. 마침내 그는 1969년 11월 22일에 그 유물이 앙코르 와트와 서부 캄보디아 정글과 들판에 널린 1,000여 개 사원의 고장인 씨엠립의 (로타낙의 부친이 일했던) 앙코르 보존 협회라는 곳으로 보내졌다는 것을 알아냈다. 그 뒤에 무슨 일이 있었는지는 아무도 몰랐다. 그는 현지 박물관장에게도 연락해 보라고 조언했다. 방콕에서 사귄 예술품 중개인 친구가 연락해 보라고 추천했던 참로은 칸이 씨엠립 현지 박물관의 관장이었다. 이제 두 실마리가 그를 가리키고 있다는 사실이 기뻤다. 하지만 앙코르 보존 협회에서 K-127에 대한 정보를 얻는 게 눈앞에 닥친 일이라 그에게는 나중에 연락하기로 마음먹었다.

그래서 나는 다시 로타낙에게 이메일을 보냈지만 그는 앙코르 보존 협회에 있는 유물의 정보를 얻을 수 있는 공식 허가를 먼저 받아야 한다고 고집했다. 그래서 나는 다시 합 토우치에게 이메일을 보냈고 며칠 안에 고대하던 허가가 떨어졌다. 사라진 유물을 찾으러 씨엠립으로 가서 앙코르 보존 협회를 찾아갈 수 있는 허락이었다. 이제 내 수색이 구체적인 목적지를 가지고 본격적으로 시작되려 한다는 것이 믿기지 않았다. 나는 지금까지 알아낸 것을 메모했다. K-127은 삼보르 메콩에서 1891년에 발견되었다. 1931년 무렵 조르주 세데스가 번역을 마친 내용 중에 현존하는 가장 오래된 제로가 있다는 것을 알아내어 발표했다. 비석은 프놈펜 국립 박물관으로 옮겨졌다. 1969년 11월에 비석은 다시 씨엠립에 있는 앙코르 보존 협회로 옮겨졌다. 1990년에 크메르 루즈가 앙코르 보존 협회의 유물 1,000여 개를 파괴하거나 훔쳐 갔다. 이제 나는 마지막으로 행방이 알려진 곳에서 찾아볼 수 있는 공식 허가를 받았다. 나는 신중하게 짐을 꾸리고 발견하거나, 혹은 발견할 수 없을지도 모를 그것을 찾을 계획을 세웠다. 어려운 계획이었고, 그래서 이번 원정은 오래 걸릴 지도 몰랐다.

이제 나는 K-127이 아직 있는지 찾아볼 가능성이 있는 씨엠립으로 향했다. 이번 원정에서 가장 중요한 사항은 합 토우치가 전화해서 앙코르 보존 협회에 있는 지인들에게 나를 소개하고, 찾기 어려운 이 유물을 발견할 수 있는지 알아보겠다고 말한 것이었다.

이런 희망적인 신호를 안고 나는 방콕의 두 번째 공항인 돈무앙 공항으로 가서 씨엠립으로 가는 에어아시아 비행기에 올라탔다. 에어아시아는 제트기보다 훨씬 짧은 활주로로 이륙할 수 있는 터보프로펠러 비행기였는데 편안했다. 비행기는 활주로를 2분 정도 달린 뒤 이륙했고, 기내에서 제공되는 음식이나 음료는 없었다. 도착한 뒤 나는 사진을 찍히고 수수료를 내는 지루한 비자 신청 과정을 거쳤다. 한 시간 동안 입국을 위해 필요한 수순을 거친 뒤 택시를 타고 호텔로 갔다. 주로 중국인 관광객들의 구미에 맞춘 앙코르 미라클 리조트는 매일 도착하는 관광버스의 숫자를 감안하면 놀랍도록 조용하고 안락했다. 그때가 성수기인 1월이라 관광객들이 떼를 지어 몰려들었다. 택시를 불러 달라고 요청하자 영어나 프랑스어를 한 마디도 못 하는 운전사가 배정되었다. 헬로나 예스나 노도 알아듣지 못했다. 그건 실은 그가 진짜 택시 운전사가 아니기 때문이었다. 호텔 직원이 나를 위해 시내에 마지막 남은 택시 운전사에게 전화를 했지만 너무 바빴다. 그래서 자신의 아버지를 제안했다. 나는 예스나 노가 무슨 뜻인지 짐작도 못하는 사람에게 의지해야 하는 경험이 처음이었다. 고갯짓으로 소통하는 것도 쉽지 않다. 아시아에서의 고갯짓은 서구에서 의미하는 것과 다른 뜻이거나, 심지어 반대인 경우가 흔하기 때문이다.

소규모이지만 캄보디아 유물 보존에 전념하는 전문 재단인 앙코르 보존 협회는 어떤 관광 지도에도 나와 있지 않았다. 그래서 나는 어떻게 해도 찾기는 어려울 것이며, 더구나 의사소통이 불가능한 운전사를 데리고 찾기란 거의 불가능에 가까울 것임을 예상했다. 다행히도 호텔 직원이 스마트폰으로 앙코르 보존 협회를 찾아볼 생각을 했다. 그는 협회의 위치에 동그라미를 친 지도를 나에게 건넸다. 협회는 시내 주요 부분과는 멀리 떨어진 씨엠립 강가에 있었는데 직원이 동그라미를 쳐 준 장소는 차오라는 이름을 가진 이탈리아 식당 근처였다.

나는 힘든 일이 될 거라고 예상했다. 택시 운전사에게 지도를 보여 주자 그는 크메르 말로 툴툴거렸다. 서로 이해하지 못한 채 일방적으로 대화를 하다가 운전사가 일단 움직이기로 했는지 던가로 차를 몰았다. 나는 그가 조금이라도 이해했는지 확신이 서지 않았다. 씨엠립은 아직 전통적인 동남아시아 도시로 상대적으로 자동차가 적었다. 현지인들은 대부분 자전거나 좀 더 여유가 있다면 오토바이를 이용한다. 대중 교통수단은 주로 툭툭이다. 우리는 오토바이와 툭툭이 도로 공간을 두고 경쟁하면서 이어지는 교통 체증 사이를 교묘하게 뚫고 나갔다. 시내 중심가를 지나 샤를드골대로를 따라 앙코르 와트 북쪽 방향으로 향했다. 새로 지어진 호텔에 딸린 무성한 열대 정원을 지난 뒤 좁은 도로에서 우회전을 했다. 한때는 포장된 도로였지만 이제 자갈밭이 되어 버린 길 옆으로 과일과 채소를 파는 수많은 노점상들이 차린 금방이라도 부서질 듯한 테이블들이 늘어서 있었다. 우리는 계속 강 쪽으로 갔다. 그러더니 운전사가 좌회전을 해서 먼지가 날리는 길로 들어섰고 한동안 덜컹거리는 길을 달렸다. 마침내 그는 닭들의 먼지가 풀풀 날리는 작은 농장 옆에 차를 세웠다. 우리가 다가가자 닭 몇 마리가 황급히 흩어졌다. 주변에는 아무도 없었다. 우리는 둘 다 차 밖으로 나와 머리를 긁적거리며 둘 다 알아보지 못하는 지도를 멍하니 바라보았다.

수십 분이 지난 뒤 약간 떨어진 판잣집에서 누군가가 나와 우리에게 다가왔다. 얼굴을 내민 남자와 운전사는 활발하게 토론을 벌이기 시작했다. 우리가 어디 있는지, 그리고 어디로 가고 있는지 이야기하는 것 같았다. 곧 두 남자 모두 매우 흥분해서 손을 높이 치켜들고 한 방향을 가리켰다가 또 다른 방향을 가리켰다. 언성도 높아졌다. 마침내 운전사는 차로 돌아가 운전석 문을 쾅 닫았다. 나는 말을 하려고 애썼다.

"여기일 리가 없어요. 여기가 아닌 것 같아요……."

하지만 그는 아무것도 알아듣지 못했고 신경조차 쓰지 않는 것 같았다. 그는 차를 반대 방향으로 돌리더니 좁고 먼지가 날리는 길을 되돌아가서는 도로로 돌아왔다. 그는 거기서 차를 멈추더니 기대에 찬 눈으로 나를 응시하며 크메르어로 빠르게 말하기 시작했다.

화가 난 나는 지도를 집었다. 아무것도 알아볼 수 없었다. 차오 식당도 보이지 않았다. 30분 가량 도로를 천천히 거슬러 올라가면서 좌우를 면밀히 살피고 목적지를 찾으려고 애를 쓰다가 나는 포기해야 할 때라는 결론을 내렸다.

"호텔!"

이번엔 그가 내 말을 알아들었다.

"호텔."

차를 운전한 이후 그가 처음으로 미소를 지었다. 그러더니 심한 교통 체증에도 불구하고 빠르게 호텔로 돌아갔다.

늦은 오후였다. 택시에서 내리면서 나는 호텔 입구에 툭툭이 다섯 대가 주차되어 있는 것을 보았다. 운전사들은 자기 툭툭 옆에서 햇볕을 받으며 느긋하게 여유를 부리고 있었다. 그들 중에서 열여섯 남짓 되어 보이는 둥글고 여린 얼굴을 가진 소년이 나에게 달려오더니 말했다.

"선생님. 제발, 제발 저를 써 주세요. 저 운전 잘 해요. 그리고 돈이 필요해요. 제발이요, 선생님."

소년의 뒤에 있는 툭툭의 옆면에 '미스터 비'라고 크게 쓰여 있었다. 나는 툭툭을 좋아하지 않는다. 오토바이 뒤의 자리는 보통 나무로 만드는데 아무런 보호 장치가 없기 때문에 안전하지 않다. 게다가 승차감도 좋지 않다.

소년은 나를 올려다보았다. 작고 깡말랐지만 반짝거리는 그의 눈은 간절한 빛을 담고 있었다. 그에게 말했다.

"그래, 미스터 비. 하지만 내가 찾는 장소는 지금쯤이면 문을 닫았을 거야."

소년은 매우 실망한 듯 고개를 떨구었다. 그러고는 몸을 돌려 걸어갔다.

"내일. 약속해. 정말이야!"

내가 소리쳤다. 나는 툭툭 운전사들이 내일이라는 말을 들으면 공칠 가능성이 높다는 말로 이해한다는 것을 알았다. 손님은 내일이 되면 다른 할 일이나 다른 운전사를 찾을지도 모르는 일이니까.

"아침 여덟 시까지 여기로 오렴. 꼭이야. 그러면 내가 하루 종일 고용할게. 약속해."

미스터 비는 활짝 웃었다.

"여기로 올게요."

나는 성의를 증명하기 위해 소년에게 2달러를 주었다.

다음 날 아침 여덟 시가 되기 전에 미스터 비가 왔다. 소년은 멀리서 내가 다가오는 걸 보고 달려와 인사했다.

"안녕하세요, 선생님."

"다시 만나서 반갑구나, 미스터 비."

그러고 나서 소년에게 지도를 보여 주었다.

"이걸 알아볼 수 있겠니?"

"예, 할 수 있어요."

소년은 자신 있게 말했고 우리는 함께 지도를 들여다보았다. 그는 미소를 지으며 말했다.

"제가 모셔다 드릴게요."

그는 헬멧을 썼다. 툭툭 운전사 중에서 헬멧을 쓰는 사람은 별로 없었기에 소년이 아주 신중하다는 신호로 받아들였다. 소년은 자신이 신중하고 똑똑하고 사려 깊다는 것을 증명할 터였다. 그는 내가 툭툭에 타는 것을 도왔다. 이 소년이 완벽에 가까운 영어를 구사할 뿐만 아니라 정말이지 아주 총명하다는, 어제의 운전사보다 훨씬 똑똑하다는 사실이 곧바로 분명해졌다.

"우선 씨엠립 박물관으로 가자꾸나. 그 다음에는 내가 필요한 것을 찾아볼 거야."

소년에게 말했다. 우리는 심한 체증을 뚫고 박물관에 도착했다. 나는 소년에게 바깥에서 잠시 기다리라고 하고 안으로 들어갔다.

"참로은 칸 관장님을 뵙고 싶습니다."

그러자 접수계의 여직원은 용건을 물었다.

"합 토우치 씨가 제가 찾는 비문과 관련해 관장님과 이야기를 해 보라고 하더군요."

여직원은 전화기를 들어 크메르어로 말했다. 내가 알아들은 말은 '합 토우치 각하' 뿐이었다. 그러다 불현듯 내가 계속 상대했던 사람이 아마 캄보디아에서 가장 고위급의 유물 책임자일 거라는 생각이 들었다. 그렇게 높은 존칭으로 불리는 사람이었다. 로타낙 양이 보낸 이메일에서 "'H. E. (His Excellency, 각하—옮긴이) 합 토우치'의 'H. E.'가 무슨 뜻인지도 몰랐으니 너무 무지했다. 내 여정에 그렇게 큰 도움을 준 사람과 메일을 주고받으면서 적절한 호칭을 사용하지 못했다는 것이 뒤늦게 당황스러웠다. 분명히 각하는 잘 알려져 있지 않은 비문을 찾으려는 별 볼일 없는 교수를 돕는 것보다 훨씬 중요한 업무가 많을 것이다.

접수계의 직원과 전화로 이야기를 한 참로은 칸은 곧 내가 찾는 것이 뭔지, 누가 나를 보냈는지 이해했다. 하지만 그는 늦은 오후까지 자리를 비울 예정이었다. 그는 합 토우치가 권한 것처럼 내가 직접 앙코르 보존 협회로 가서 찾아보는 게 좋겠다고 말했다. 아니면 박물관에서 오후 다섯 시에는 그를 만날 수 있었다. 나는 접수계의 여직원에게 고맙다고 인사하고 박물관 밖으로 나와 다시 미스터 비의 툭툭에 올라탔다.

미스터 비는 기분을 좋게 만드는 재주가 있었다. 그는 박물관에서 우리가 목적지로 삼은 장소까지 가는 가장 짧은 길을 찾아냈다. 샤를드골대로의 동쪽 소아과 병원 근처에서 시내의 북쪽으로 향하는 도로를 타는 것이었다. 병원에 도착했을 때 그는 나에게 신호를 보내 잠시 멈추겠다고 알렸다.

"지도를 다시 볼 수 있을까요?"

나는 지도를 건네주었다.

"선생님이 어제 가셨던 길처럼 소피텔 옆이 아니라 여기서 돌아요."

확신이 있었기 때문에 그는 전날 갔던 도로에 평행하게 난 갓 포장된 도로를 탔다. 두 도로는 아주 가까웠고 나란히 줄지어 들어선 같은 노점상들과 도로 옆의 낮은 덤불과 조금 멀리 떨어진 야자수 같은 것이 똑같아 보였다. 하지만 이 도로로 들어가는 입구는 대로에서 보이지 않았기 때문에 예리한 눈이 있어야 포착할 수 있었다.

미스터 비는 손을 들어 신호를 보내고 조심스럽게 오른쪽으로 돌았다. 그는 양 옆을 신중하게 살피면서 천천히 운전했다. 800미터쯤 더 간 뒤에 그가 속도를 늦췄다. 왼쪽에 '앙코르 보존 협회'라는 작은 간판이 달린 철문이 있었다. 그가 가볍게 경적을 울리자 한 남자가 걸어와서 딱 툭툭 한 대가 통과할 수 있을 만큼만 문을 열었다. 우리는 안으로 들어가 일련의 석판들을 지났다. 30미터쯤 안으로 들어가자 커다란 창고가 여러 채 나왔고 일단의 남자들이 한 창고 바깥에 앉아 작은 장작불 위에 구리 주전자를 걸고 커피를 만들고 있었다. 미스터 비가 그들에게 다가갔다.

크메르어로 많은 이야기와 손짓이 오갔지만 남자들은 우리가 원하는 것을 이해하지 못했다. 미스터 비는 멋쩍게 웃으면서 돌아왔다. 그는 "목적을 달성하지 못했다."고 말하려는 듯 양손을 치켜들었다.

"관리자가 어디 있는지 물어봐 줄래?"

내가 말했다. 더 많은 손짓과 말이 오갔다. 마침내 인부 중 한 명이 왼쪽을 가리켰다. 우리는 그 방향으로 걸었다. 25미터 정도 앞에 임시방편으로 만든 사무실이 있었다. 나는 안으로 들어갔다. 미스터 비는 밖에서 기다렸다.

"관리자를 찾고 있습니다."

나는 책상 앞에 앉은 여성에게 말했다. 그녀는 나를 무시했다. 내 말을 하나도 못 알아듣는 게 분명했다. 안은 무척 더웠다. 오전 시간에도 태양이 양철 지붕에 내리쬐었다. 나는 가만히 서서 기다렸다. 마침내 중년 남자 한 명이 들어왔다. 그에게 말했다.

"안녕하세요? 문화부의 합 토우치 각하께서 보내서 왔습니다. 저는 K-127을 찾고 있답니다."

"아, 안녕하세요? 교수님이 올 거라는 이야기는 들었습니다. 옛날 유물들을 전부 모아 둔 곳으로 제가 안내해 드리지요. 그 유물이 거기 있는지 교수님께서 직접 찾아보시면 됩니다. 1990년에 이곳에 무슨 일이 생겼는지는 알고……."

"예, 압니다. 크메르 루즈가 와서 여기 보존된 유물 가운데 상당수를 파괴했다지요. 하지만 저는 간절히 바라고 있어요……."

나는 슬픈 마음으로 대답했다. 그가 힘없이 웃어 보이더니 따라오라고 손짓했다. 우리는 플라스틱판으로 덮인 대형 창고까지 함께 걸었다.

"아마 여기 아니면 다른 곳에 있을 겁니다. 그놈들이 이곳을 약탈할 때 훔쳐 가지 않았다면요. 그들이 저지른 짓이 보이시죠."

그는 어떤 구역의 모퉁이를 가리켰다. 한때 조각상이었을 부서진 돌무더기가 쌓여 있었다. 암담하고 우울한 광경이었다. 그러더니 그는 돌아서서 돌무더기와 세워져 있는 유물들 사이에 나를 남겨 두고는 그냥 사무실로 돌아갔다.

나는 부서진 조각상 무더기와 주변을 둘러보았다. 앙코르 와트의 조각상 머리들–수백 개는 되었는데 절반 이상이 심하게 부서진 상태였다–과 창고의 상당 부분을 차지하는 비문이 새겨진 커다란 돌들을 비롯해 수천 개는 족히 될 법한 유물들이 있었다. 나는 이 유물에서 저 유물로 천천히 걸으며 하나씩 꼼꼼히 살피기 시작했다. 나는 K-127이 아직 존재한다면, 어떻게 생겼을지 어렴풋이 알았다. 붉은 돌로 만든 비석으로 높이 150센티미터에 꼭대기가 부서진 모습일 것이었다. 나는 한 시간 가량 돌아다녔지만 아무것도 찾지 못했다. 좌절감이 들었고 희망을 조금씩 잃었다.

그러던 중 나는 한 비문 앞에 앉아 가져온 물병에서 물을 마셨다.

기온이 38도는 되는 것 같았다. 나는 기운이 빠지고 혼곤해졌다. 그러다가 기운을 차려 다시 돌들을 살펴보기로 했다. 무작위로 살펴보는 내 방법이 효율적이지 않은 것 같다는 생각에 한 줄씩 체계적으로 찾아보기로 했다. 입구로 돌아가 첫 줄부터 끝까지 갔다가 계속 다음 줄, 다음 줄로 탐색을 이어갔다. 나는 이런 식으로 한 시간 정도 탐색했지만 아무것도 찾지 못했다.

마지막으로 나는 유물의 뒷쪽에서 살펴보기로 했다. 유물 하나하나 보면서 천천히 움직이던 나는 드디어 오래된 테이프 조각이 붉은 돌의 뒷면 바닥에 붙어 있는 것이 보였다. "K-127"이라고 써 있었다. 내 눈을 믿을 수가 없었다. 이것이 맞는가? 정말로 내가 K-127을 발견해 낸 것인가?

이 불그스름한 큰 돌의 앞면을 보자 그것이 맞았다. 나는 크메르 숫자 605를 알아볼 수 있었다. 제로는 처음으로 알려진 것처럼 점 모양이었다. 이것이 정말 그것인가? 나는 다시 보았다. 비문은 놀라울 정도로 선명했다. 나는 기쁨에 도취된 채 비문 옆에 서 있었다. 만지고 싶었지만 감히 그럴 수가 없었다. 그것은 1,300년에 걸친 풍상을 이겨 내고 여전히 글씨를 판독할 수 있을 만큼 선명하고 반들거리는 표면을 가진 굳건한 돌 조각이었다. 하지만 내 눈에는 연약하고 부서지기 쉬워 보였다. 비문이 너무나 귀한 나머지 함부로 입김을 불 수도 없었다. 어쩌면 내가 비문을 건드리면 사라져 버릴지도 몰랐다. 나는 이 비문을 찾기 위해 정말 열심히 노력했다.

‘이것은 수학 전체의 성배야. 그걸 내가 그것을 발견했어.’

정말이지 나는 뭘 어떻게 해야 할 지 알 수 없었다. 어떻게 진행할 지 생각해 둔 바가 없었다. 나는 오래되고 버려진 앙코르 와트에서 나온 거의 부서진 사암 머리 조각 수백 개와 돌기둥과 뭔가 새겨진 돌 조각과 온갖 종류의 비문 파편과, 그리고 K-127 사이에 멍하니 서 있었다. K-127의 역사가 주마등처럼 스쳤다. 세차게 흐르는 강가에 위치한 정글 속 메콩 삼보르의 유적에서 19세기에 발견된 비석을 상상했다. 비석이 조르주 세데스의 연구실로 운반되는 것이 보였다. 나는 세데스가 유럽 또는 아랍에서 제로가 발명되었다는 어떤 가설도 물리칠 수 있는, 683년에 새겨진 제로가 앞에 놓인 비석에 있다는 것을 깨달았을 때 얼마나 고무되었을지 상상했다. 나는 세데스가 미친 듯이 흥분해서 논문을 쓰고 연필로 중요한 숫자 6-0-5의 탁본을 뜨고 편견에 사로잡힌 학문적 적수에게 치명적인 최후의 일격을 날리는 모습을 상상했다. 바로 내 앞에 있는 이 붉은 돌비석이 세데스가 필요로 했던 모든 것을 제공했다. 바로 그것이, 결정적인 제로였다.

나는 그 다음에 있던 일도 상상했다. 비석은 버려져서 아무도 찾지 않는 쓸쓸한 박물관에 방치되었다가 다른 폐기된 유물들과 함께 사람들이 잘 모르는 창고로 옮겨지는 바람에 크메르 루즈 깡패들이 역사적, 예술적 가치를 지닌 물건이라면 무엇이든 샅샅이 뒤지고 부수고 불태우고 파괴하는 와중에도 망가지지 않을 수 있었다. 사방에서 파괴 행위가 벌어지는데도 눈에 띄지 않고 손상되지 않은 채 남

우리 숫자 체계의 제로가 맨 처음 출현했다고 알려져 있는
7세기의 비석 K-127을 발견한 순간.

아 있는 비석이 눈이 선했다. 그 뒤 비석은 정글을 개간하면서 생긴 빈 들판 한가운데에 위치한 이 헛간으로 다시 한 번 옮겨져 불명예스러운 종말을 맞이할 예정이었다. 나는 눈을 감고 긴장을 풀었다. 다시 여기에 있었다. K-127. 나는 여기에 새겨진 오래된 숫자를 아주 신중하게 보았다.

4년 동안 힘들게 노력한 나는 세데스 비문을 찾아냈다. 수많은 탐색 작업, 글쓰기, 전화, 호소가 필요했다. 문화 예술부의 문화 사업 책임자를 비롯해 캄보디아 정부의 최고위급에게 큰 도움을 받았으며 슬로언 재단의 지원도 있었다. 사려 깊고 똑똑한 슬로언 재단 관리자들은 한 연구자가 잃어버린 역사의 한 조각을 다시 찾을 수 있

K-127 비석의 정면. 숫자 605를 비롯한 옛날 글씨가 보인다.

위의 사진에서 제로가 중간에 점으로 표시된 숫자 605.

K-127 유물의 상단. 꼭대기에 부서진 곳이 보인다.

발견을 확인한 직후 저자와 K-127.

도록 기꺼이 도움을 주었다. 나는 기쁨에 도취되었다. 기나긴 여정이 끝났다. 이제 나는 비문의 사진을 찍고 집으로 돌아가 최종 승리의 순간에 도달하기까지 있었던 일을 기록하게 될 터였다.

그렇다. 나는 마침내 역대 첫 제로, 수십 년이 지났지만 여전히 우리가 아는 한 가장 오래된 우리 숫자 체계의 제로가 새겨진 붉은 돌을 찾아냈다. 나는 비문의 옆에 가만히 서서 많은 사진을 찍었다.

그런 다음 나는 최악의 실수를 저질렀다.

22

스티븐 스필버그의 대표적인 영화 〈레이더스, 잃어버린 성궤를 찾아서〉에 해리슨 포드가 연기한 인디아나 존스가 철사가 작동되면 스프링 위의 해골들이 살아나 감히 보물이 숨겨진 곳에 침입한 불청객에게 독화살을 날리는 등 끔찍한 일들을 거치는 장면이 나온다. 모든 위험과 역경에도 불구하고 그는 상품, 즉 금으로 만든 우상을 찾아낸다. 그러나 그가 위대한 모험을 마치고 나오자마자 큰 적수가 기다린다. 나치에 협조하는 프랑스 고고학자인 르네 벨로크가 총부리를 들이대고 상품을 빼앗아 가며 말한다.

"존스 박사, 또 다시 잠시간 자네 것이었던 물건이 이제 내 것이 되었네!"

그는 헤아릴 수 없이 값진 고고학 유물을 가져가면서 웃음을 터뜨린다.

하지만 존스는 똑똑하고 판단이 빨랐다. 그는 잠깐 적에게 허를 찔렸던 것뿐이다. 하지만 나는 그저 멍청하게 굴었다. 내가 아무 말도 하지 않고 그냥 걸어 나갔다면 이야기는 여기서 끝났을 것이다. 그러나 가만히 입을 다물고 있을 수가 없어서 치즈를 교활한 여우에게 뺏긴 까마귀처럼 나는 입을 열고야 말았다. 인디아나 존스의 적이 프랑스 출신 남자 고고학자였다면 내 적은 이탈리아 팔레르모 출신인 시칠리아에서 온 여자 고고학자였다.

내가 지구 반 바퀴를 돌아오게 만든 여정의 정점인 비문 K-127을 여전히 경외와 경탄에 젖어 바라보는 중에 실험실 가운을 입은 여자 연구원 두 명이 캄보디아 오지의 거의 외딴 부지 한가운데에 있는, 들어오는 사람도 거의 없는 오두막으로 걸어 들어왔다. 그들은 이탈리아어로 시끄럽게 이야기를 나누고 있었다.

배 위에서 항해를 하던 어린 시절과 부모님과의 좋은 추억이 떠올랐다. 우리 배는 자주 이탈리아 항구를 들렀고 나는 이탈리아 말을 잘하고 좋아했다. 나는 다시 이탈리아 말로 이야기할 기회가 있기를 바랐지만 아시아에서는 그럴 기회가 거의 없었다. 그리고 K-127을 발견해서 의기양양해진 나는 평소보다 훨씬 수다를 떨고 싶었다. 내 굉장한 발견을 다른 사람과 나누고 싶은 욕구가 있었다.

나는 두 여성에게로 걸어가 대화를 시도했다. 그들은 자기 나라 말을 아는 사람과 이야기할 수 있어서 기쁜 것 같았다. 자신들을 로렐라 펠레그리노와 프란체스카 타오르미나라고 소개했다. 타오르미나는 금발에 날씬한 몸매를 가지고 있었다. 펠리그리노는 거의 180센티미터는 되는 듯한 큰 체구를 가졌고 둥근 얼굴 주변으로 검은 머리가 제멋대로 곱슬거렸다.

나는 자랑스럽게 붉은 비문을 가리키며 말했다.

“이게 K-127입니다. 역사상 처음으로 알려진 제로가 저기 있죠.”

그들은 무심하게 보면서 말했다.

“정말요?”

그러더니 펠레그리노가 말했다.

“정말 놀랍군요! 저희에게 알려 주셔서 정말 고맙습니다.”

그녀는 돌아서서 비석을 마주하더니 가지고 있던 작은 지팡이로 여러 세기 전 글씨가 깨져 나간 비석의 꼭대기를 아무렇지도 않게 두드렸다. 텅 소리가 크게 났다. 나는 거의 기절할 뻔했다. 어쩌면 그렇게 경솔하게 단단한 지팡이로 소중한 유물을 칠 수 있단 말인가? 그녀는 내가 본능적으로 움찔한 것을 염두에 두지 않는 듯이 말했다.

“프란체스카랑 내가 여기 들어온 건 무작위로 돌 유물을 하나 찍어서 복구하기 위해서예요. 고고학을 전공하는 우리 학생들에게 실습을 시키려고요. 이게 그렇게 중요한 거라니 이걸 가져가야겠네요.”

가슴이 철렁했다. 내가 무슨 짓을 저지른 거지? 몇 년이나 탐색한 끝에 찾아낸 발견을 코앞에서 이 두 이탈리아인이 낚아채려 했다. 그들은 과학사에서 이 비문이 가지는 의미를 전혀 이해하지 못했다는 말인가? 그들은 이탈리아 정부와 캄보디아 정부가 맺은 협정에 따라 이곳에 왔다고 설명했다. 캄보디아라는 다채로운 역사를 가진 땅에서 발견되는 어마어마한 고대의 보물들을 연구하고 유물의 목록을 작성해 박물관과 전시회에 전시할 수 있게 준비하는 것을 배우기 위해 고고학자가 필요했다. 팔레르모 대학에서 온 두 시칠리아인 고고학자들은 앙코르 보존 협회 근처에 있는 현장에서 캄보디아 학생들을 훈련시키고 있었다. 언젠가 이 학생들이 뛰어난 고고학자가 되어 조국의 유산을 보존하는 것을 돕게 만들기 위해서였다.

펠레그리노와 타오르미나는 우연히 오늘 앙코르 보존 협회의 창고에 와서는 폐기된 유물 중 아무거나 골라서 학생들과 고고학적 "복구" 실습을 하기로 했다. 나는 K-127이 역사적으로 대단히 중요하고도 소중한 유물이니 학생들이 페인트를 엎지르거나 오랜 세월에도 불구하고 건재한 표면에 긁힌 자국을 내거나 혹은 심지어 구멍을 뚫거나 정면을 갈아 내는 등 실수를 저질러도 되는 실험 대상으로 사용해서는 안 된다고 말하며 항의했다. 그들은 내 항의를 가볍게 묵살했다. 펠레그리노가 회심의 미소를 띠며 말했다.

"그러니까 이게 유명한 유물이라는 말이죠? 좋아요! 학생들이 가치 있는 유물로 작업하는 경험을 했으면 했거든요. 그냥 오래되기만 하고 값어치 따윈 없는 돌 말고요. 저 유물을 알려 줘서 고마워요."

내가 미처 대답을 하기도 전에 두 여자는 무거운 돌을 연구실로 옮길 준비를 하기 위해 창고를 나가 버렸다. 나는 기절할 것 같았고, 이내 무력감이 들었다.

내가 무엇을 할 수 있을까? 펠레그리노와 타오르미나는 캄보디아 정부의 초청을 받아 씨엠립에 머무르고 있었다. 캄보디아 사람들은 그들이 결정한 것을 거스르려 하지 않을 터였다. 그들은 먼 이국에서 온 존경받는 교수들이었고 캄보디아 사람들에게 정교한 기술을 가르치려고 온 사람들이었다. 그리고 나는 협회 부지에 특정 유물을 찾아보기 위해 입장할 수 있는 제한된 허가를 받은 방문객일 따름이었다. 내가 누구라고 그들의 일에 개입한다는 말인가? K-127은 내 소유가 아니었다. 오히려 그 반대였다. 정부 간 상호 협정에 따라 두 이탈리아 교수들은 이곳 전체에서 발견되는 유물을 통제할 수 있었다. 그들은 내키는 대로 할 수 있었으며 K-127을 연구실에서 학습 도구로 쓰기로 결정했다. 그들은 이에 대해 아무에게도 설명을 할 필요가 없었다.

나는 이 유물을 누가 건드리는 상황을 원치 않았다. 그들이 이걸 "복구"하고 싶다고? 무엇을 복구한다는 말인가? 이것은 있는 그대로 완벽했다. 비문이 새겨진 이래 지난 1,330년의 세월에도 불구하고 놀라울 정도로 마모된 흔적이 적었다. 맨 꼭대기 부분은 19세기에 처음 발견되던 당시에 이미 깨져 있었다. 펠레그리노가 지팡이로 막 두드렸던 부분이다. 그것을 제외하면 비석은 믿을 수 없을 정도로 보존이 잘 되어 있었다. 누가 이것을 복구할 생각을 한단 말인가? 내가 보기에 펠레그리노와 타오르미나는 선생들인 것 같았다. 그들은 학생들에게 유물을 복구하는 방법을 보여 주고 싶어 했다. 어떤 유물을 고르든 간에 그들은 학생들에게 기술을 가르치려는 목적으로만 복구했다. 하지만 이것을 복구한다고 나섰다가는 인간의 위대한 성취를 증명하는 온전한 고고학 유물에 돌이킬 수 없는 손상을 입힐 위험만 있을 뿐이었다.

펠레그리노와 타오르미나는 미소를 지으며 창고로 돌아왔다.

"두 주 안에 우리 연구실로 옮겨질 거예요."

타오르미나가 만족감을 드러내며 말했다. 그러자 펠레그리노가 나를 향해 돌아서서 말했다.

"우리를 찾아오면 이 비문이 아름답게 복구된 걸 볼 수 있을 거예요."

맙소사! 나는 생각했다. 누가 제발 이걸 좀 구해 줘. 나는 화가 났고 좌절감이 들었지만 재빨리 해결책을 생각해 내려 애썼다.

K-127은 캄보디아 국민의 것이었고 지금 상태 그대로 전시될 만한 가치가 있었다. 나는 이걸 연구실로 가져가야겠다는 펠레그리노의 주장을 이해할 수 없었다. 왜 그렇게 중요한 유물로 복구 작업을 가르치려고 하는지 전혀 이해가 되지 않았다. 그녀에게 다른 동기가 있다는 의심이 들기 시작했다. 혹시 학술 논문 같은 걸 써서 자기가 발견한 것인 양 행세하려는 건 아닐까?

다른 이유도 있었다. 고고학이 지난 100년 동안 씨름한 문제였다. 20세기로 접어들면서 영국의 위대한 고고학자인 아서 에반스는 크레타 섬 북쪽 해안의 크노소스에서 유명한 미노스 왕의 궁전을 밝혀냈다. 호머가 반은 황소이고 반은 사람인 미노타우로스가 갇혀서 배

회하는 미궁이 있다고 묘사한 바로 그 궁전이었다. 기원전 1628년에 산토리니 섬의 화산이 폭발해서 생긴 쓰나미로 궁전과 왕도가 파괴되고 미노스 문명 전체가 돌연히 종말을 맞았다.[51]

에반스는 혁신적이고도 논란의 여지가 많은 조치를 취했다. 그는 크노소스 궁전을 "복구"했다. 한때 아마도 사자 조각이 있었을 곳에 그는 다른 곳에서 발견된 조각을 배치했다. 조각에서 붉은 페인트의 흔적을 발견한 그는 현대의 붉은 페인트로 다시 칠해 버렸다. 미노스 시대에 수로가 몇 개 있었을 거라고 생각한 곳에 그는 수로를 다시 만들었다. 지붕이 있는 뜰이 해안선을 내려다보고 있던 장소에 그는 새로 지붕을 달았다. 그러므로 크노소스 유적을 방문하는 것은 세상 다른 곳의 고고학 유적을 방문하는 것과는 무척 다르다. 크노소스에서 에반스가 한 일은 이전에 한 번도 없었던 일이었고 아무도 다시 하지 못했다. 오늘날 크노소스를 방문하면 에반스가 그랬을 거라고 생각한 모습을 보게 된다.

K-127에서 멀어지던 펠레그리노는 나에게 돌아서서 말했다.

"여기 오셨으니 말인데 우리 연구실에 한번 놀러 오세요. 곧 K-127도 거기로 옮겨서 작업에 들어갈 테니까요."

다리가 떨렸다. 젊은 캄보디아인들 몇 명이 15세기와 16세기의 나무 불상을 복구하고 있었다. 잘 다듬어진 회색 턱수염을 가진 중년의 이탈리아 교수가 작업을 감독하고 있었다. 펠레그리노가 나를 그에게로 데려갔다.

"안토니오 라바 교수님이에요."

그녀가 서로를 소개해 주며 말했다. 라바는 이탈리아 북부에 있는 토리노 대학의 교수로 프랑스어에 가까운 그 지역의 전형적인 악센트를 가지고 있었다. 이탈리아 대부분의 지역 사람들이 R 발음에서 굴리는 소리를 내는 것과 대조적으로 그는 프랑스인처럼 발음했고, 완벽한 영어를 구사했다. 그가 말했다.

"아시겠지만 앙코르 이후 시대에는 거의 관심들이 없답니다. 그래서 우리가 전부 해야 하는 일이 많아요. 14세기에 앙코르 제국이 멸망한 뒤 만들어진 나무 불상은 아무도 신경 쓰지 않는군요. 그래서 우리가 복구해서 아름답게 만들고 있습니다."

그렇겠지, 나는 생각했다. 그리고 이제 이 나라에서 발견된 것 중에서 가장 중요한 유물 하나에 내키는 대로 아무 짓이나 하겠지. 이 나라 당국이 유물을 댁들이 원하는 대로 해도 좋다는 백지 위임장을 줬으니까.

우리는 연구실을 거닐었다. 한 테이블에서 학생 한 명이 금박을 씌웠던 것 같은 흔적이 보이는 나무 불상에 금색 페인트를 칠하고 있었다. 두 학생은 다른 불상에 받침대를 새로 달려고 하고 있었다. 그들은 불상을 누르고 뒤틀고 망치로 두드렸다. 우리는 계속 걸었고 라바는 학생들에게 지침과 도움을 주었다. 마침내 그가 큰소리로 선언했다.

"딱 맞는군!"

씨엠립 근처 연구실에서 안토니오 라바 교수와 로렐라 펠리그리노 교수.

모두가 박수를 쳤다. 그 받침대는 어디서 나온 것인데? 아무도 몰랐다. 연구실 바깥에 쌓여 있는 불상 조각 무더기에서 발견한 것이라고 라바가 알려 주었다. 팔이 없는 불상도 있었는데 다른 캄보디아 고고학도들이 팔을 붙이려 노력하고 있었다. 그 팔은 어디서 난 것인지 궁금하지 않을 수 없었다.

이건 에반스가 저지른 것과 같은 고고학도 아니었다. 졸렬한 모조에 불과했다. 나는 유물 관리자들과의 대화를 통해 현재 예술 기법이 고치는 것은 가능한 한 최소로 해서 유물을 고스란히 유지하고 벌레나 환경적인 요소로 인한 추가적인 상태 악화를 막아 안정화시키는 것에 역점을 둔다는 것을 알고 있었다.

"다시 오시면 K-127이 얼마나 아름답게 복구되었는지, 반짝거리는 모습을 다시 볼 수 있을 거예요."

연구실 구경이 끝나자 펠레그리노가 나가는 길을 알려 주었다. 그녀의 얼굴에서 못된 미소가 보이는 것 같았다. 마치 이렇게 말하는 것 같았다.

"잠시 당신 것이었던 물건이 이제 내 것이 되었네요!"

어쩌면 이 긴 하루 동안 받은 엄청난 흥분과 스트레스에 상상력이 과하게 작용한 탓인지도 몰랐다.

무거운 마음을 안고 나는 씨엠립을 떠나 방콕으로 향했다. 처음 나를 세데스에게로 이끌었던 브리티시 컬럼비아 대학의 빌 카셀만에게 이메일로 무슨 일이 있었는지 알렸다. 그는 매우 화를 냈다.

"그 사람들이 그걸 이탈리아로 가져가면 어떻게 합니까? 교수님의 사진만 봐도 비문이 완벽한 상태이고 고색창연한 맛이 남아 있는 것이 명백합니다. 그 사람들의 작업 때문에 망가지기라도 한다면 수학 역사에서 값을 매길 수 없이 중요한 발견이 쓸모없어지거나 영원히 사라질 겁니다."

그는 로렐라 펠레그리노가 이번 발견을 자기가 했다고 인정받고 싶어 하는 게 분명하다고 생각했다. 카셀만은 원한다면 편지를 써 주겠다고 했다. 그래서 우리 둘 다 펠레그리노에게 수학 사학자의 이름으로 유물을 건드리지 말아 달라고 간청하는 내용의 이메일을 보냈다.

잠을 이루지 못한 채 밤을 보낸 뒤 1월 3일에 펠레그리노가 다소 누그러져 유물을 "복구"하지 않겠다고 답장했다.

"하지만 철저하게 연구해서 학계에 결과를 보고할 거예요."

그녀는 이탈리아어로 써서 보냈다. 나는 이것을 그녀가 자기가 발견한 것으로 간주한다는 뜻으로 받아들였다. 그녀가 쓴 대로라면 유물에 해를 끼치지 않을 테니 일단 나는 안도했다. 하지만 K-127을 영구적으로 보존하려면 무슨 조치를 취해야 했다. 그런데 어떤 조치를?

"어쩌면 그녀는 자기 일을 하느라 잊어버릴지도 몰라요."

데브라는 이메일에서 이렇게 이야기했다. 나는 펠레그리노가 멈추지 않을 거라는 느낌이 들었다. 나는 그녀가 그 중요한 발견을 자기 걸로 만들기 위해 무슨 짓이라도 할 거라고 생각했다. 어쩌면 복구 작업을 가르치는 사람들 전부가 연막이거나 유물의 소유권을 가져가기 위한 구실일지도 몰랐다.

열이틀이 지났다. 그리고 사건이 생겼다. 로렐라 펠레그리노는 다른 계획이 더 있었다. 'K-127의 새 위치'라는 말이 그녀가 2013년 1월 15일에 나에게 보낸 이메일 제목에 있었다. 이메일 자체는 그녀가 거대한 비석을 자기 연구실로 옮겨 '구조적, 세균학적으로 연구'하는 작업을 곧 시작할 거라고 알리는 내용이었다. 그녀는 이탈리아에서 온 방문객의 사진을 첨부했다. 유명한 교수인 그에게 비문을 보여 주었다며 비석 옆에서 자랑스럽게 포즈를 취하고 있는 사진이었다. 카셀만에게 사진을 보내자 그는 비꼬는 투로 답장했다.

"자기가 보고 있는 게 뭔지 알기는 한답디까?"

나는 '구조적, 세균학적 연구'가 시작되면 무슨 일이 벌어질지 두려웠다. 비문은 완벽하게 판독이 가능할 정도로 선명했다. 비석에 필요한 조치라고는 수학자, 과학 사학자, 그리고 일반 대중들이 볼 수 있도록 박물관으로 옮기는 것뿐이었다. 하지만 펠레그리노는 자기 그물에 우연히 걸린 대어를 포기하려고 하지 않았다. 그녀는 본인이

이 '소중한 발견'이라고 부르는 것에 대해 (몇 번이나 이탈리아어 단어 *prezioso*를 써 가면서) 자신의 감상을 남기고 공식적인 승인을 받아야 한다는 생각에 매여 있는 것 같았다.

나를 놀리기라도 하듯 그녀는 하루걸러 한 번씩 이탈리아어로 이메일을 보내 비문에 자기가 하는 일을 설명했다. "학생들과 나는 K-127의 삼차원 연구를 막 끝냈습니다." 하는 식이었다. 그리고 다음 날 다시 메일을 보냈다. "곧 K-127의 방사선 연구를 시작하려고 합니다. 결과를 알려 드릴게요." 그러고는 또 다른 종류의 연구를 한다고 알려 오는 식이었다. 그녀의 이메일을 하나씩 받을 때마다 그녀와 말을 섞은 나 자신에게 더욱더 화가 났다.

하지만 동시에 나는 이 잘못을 바로잡기로 굳게 결심을 했다. 방콕으로 돌아간 나는 참로은 칸의 이름을 처음으로 알려 주어 길을 제시해 준 예술품 중개상인 에릭 디외에게 가서 상의했다. 내가 그의 화랑에 들어섰을 때 그는 귀한 예술 서적을 보면서 한가로운 시간을 보내고 있었다. 어쩌면 그가 가진 값비싼 불상의 진정한 가치를 추정해 보고 있었으리라. 그가 말했다.

"아, 안녕하세요, 무슈 악젤. 캄보디아에 간 일은 어떻게 되었나요?"

나는 사라졌던 K-127을 찾아낸 내 모험 이야기를 해 주었다. 그런 다음 나는 그의 책상 건너편에 앉아 손으로 얼굴을 감쌌다.

"하지만 내가 잃어버렸어요……. 멍청하게도 내가, 정말 멍청하게도 시칠리아 고고학자한테 그 비문이 얼마나 중요한 것인지 이야기를 하는 바람에 잃어버리고 말았어요. 그 여자는 그게 그렇게 중요한 거라면 자기 혼자 차지해야겠다고 마음먹은 것 같아요."

"그렇게 되었다니 유감이네요. 아마 세상 어느 곳의 경매장에서 팔려 익명의 수집가의 손 안으로 사라지게 될 가능성도 있겠군요."

그는 확실히 다른 사람의 기운을 북돋우는 법을 알았다.

"내가 할 수 있는 일이 있을까요?"

나는 질문했다.

"아니요, 어떻게 해야 할지 나는 모르겠군요. 그녀는 그것이 중요하다는 걸 감지했어요. 아마 왜 중요한 것인지 정말로 이해하지는 못 했겠지만요."

북유럽인으로서 디외는 확실히 고고학자로서든 아니든 시칠리아 사람을 높게 평가하지 않았다. 그는 지금쯤 시칠리아 마피아가 K-127에 손을 뻗었을지도 모르겠다고 농담을 했다. 나는 그가 상상하는 것처럼 상황이 나쁘다고는 생각하지 않았지만 그래도 유물과 관련해 앞으로 무슨 일이 생길지가 걱정되었다.

나는 손해를 가늠해 보려 했다. 펠레그리노가 원하는 것이 무엇일까? 정말로 수 톤이 나가는 비문이 새겨진 돌을 팔아 치우려는 것일까? 캄보디아에서는 어떻게 빼내려고? 내가 보기에는 그건 가능성이 크지 않았다. 아마 예술품 중개상의 관점일 거라고 생각했다. 내가 보기에는 주요 업무가 연구가 아니라 낮은 수준의 것을 가르치는 학자인 펠레그리노가 아마 K-127에 대한 학문적 논문을 써서 진짜 자기 것이 아닌 발견에 대한 공적을 인정받아 명성을 얻는 것에 관심이 있을 가능성이 높았다. 나는 작은 뉴잉글랜드 대학의 교수로 너무 오랜 세월을 보낸 나머지 학계에서 그런 동기가 얼마나 거리낌 없이 일어나는지 잘 알지 못했다. 하지만 그녀는 왜 그 유물에 대한 이메일을 줄곧 보내고 있을까? 그 또한 이해가 되지 않았다. 그녀가 자기가 한 짓과 앞으로 계속 하려는 일에 대해 어떤 식으로든 내 허락을 구하려는 것일까? 이상하게 들릴지 모르겠지만 나에게는 합당한 가설로 보였다.

이탈리아의 재료 과학 전문가가 K-127을 살펴 구조적 안정성을 평가하기를 기다리고 있다는 이메일을 받은 뒤 나는 더 이상 참을 수 없게 되었다. 그런 테스트로 유물이 진짜 위험해질지도 모른다는 두려움에 나는 그녀에게 메일을 썼다.

"이 유물은 수학자들과 과학 사학자들에게 중요한 물건입니다. 유물을 발견한 것은 몇 년에 걸쳐 내가 연구한 결과이기도 합니다. 우리가 만났던 바로 그때에 내가 창고에 들어가지 않았더라면 당신은 K-127과 그 중요성에 관해 틀림없이 아무것도 몰랐을 겁니다."

이메일을 보낸 뒤 펠레그리노에게서는 일주일간 아무런 답장이 없었다. 카셀만은 나에게 이렇게 써서 보냈다.

"그녀에게 그런 메일을 보낸 게 현명했다고 생각해요?"

아마 그가 옳을 거라는 것을 인정하지 않을 수 없었다. 그 다음

주에 펠리그리노에게서 짤막한 메시지가 왔다.

“원한다면 언제든 K-127을 보러 오셔도 됩니다. 나는 지금부터 5월 15일까지, 월요일에서 금요일까지 오전에는 아홉 시에서 열두 시까지, 오후에는 두 시부터 다섯 시까지 학생들과 함께 연구실에 있습니다.”

이것이 다였다. 나는 머리를 긁적거렸다. 그녀의 반응에 완전히 당황했다. 구조적 분석이 꼭 유물에 손상을 주지 않는 것은 아니다. 그리고 현재 나는 그녀가 원래 마음먹었던 것처럼 유물을 ‘복구’하려 들지 않을 거라는 걸 신뢰할 수가 없었다. 어쨌든 그녀의 연구실은 전적으로 복구를 다루고 있었으니까. 걱정과 실망을 안고 나는 귀국하는 비행기를 탔다. 그 뒤 로렐라 펠레그리노에게서는 아무런 소식도 듣지 못했다.

아니, 나는 포기하지 않을 거야. 필요하다면 마지막 동전 한 푼까지 다 쓰는 한이 있더라도 K-127이 파괴되지 않게 구해 낼 거야. 나는 캄보디아 문화 예술부의 합 토우치 각하를 만나야겠다는 분명한 목적을 가지고 캄보디아로 가는 다음 여행을 계획하기 시작했다. 프놈펜에서 만날 날짜를 정하기 위해 나는 합 토우치와 이메일을 여러 통 주고받았다. 우리는 마침내 2013년 3월 23일 토요일 저녁에 식사를 함께하기로 정했다. 나는 며칠 앞서서 방콕으로 날아가 시내에 있는 한사르 호텔에 머물렀다. 내가 맨 처음 한 일은 에릭 디외를 다시 방문하는 것이었다.

나는 이 상황을 어떻게 대처해 나가야 할지 에릭의 충고를 얻고 싶었다. 화랑의 책상 앞에 앉은 그는 유쾌하고 느긋해 보였다. 그는 우아하게 옷을 차려 입고 그 비싼 금시계를 자랑스럽게 차고 있었다. 그가 물었다.

"방콕에는 왜 또 오셨나요, 교수님?"

"며칠 뒤에 프놈펜에서 캄보디아 문화부 단체장을 만나기로 했어요. 시칠리아 고고학자에게서 K-127을 빼내서 박물관에 놓을 수 있도록 그를 설득할 수 있으면 좋겠어요."

"글쎄요. 나라면 크게 기대하지 않을 겁니다."

"왜요?"

"이 사람들이 어떻게 생각하는지 이해를 해야 할 겁니다. 그들에게는 유물이 수백만 개나 있고 그다지 큰 의미를 가지지 않아요. 석상이 가득한 창고들도 많고 박물관 아래층에는 온갖 것들이 새겨진 돌들이 쌓여 있지요. 방콕 박물관에 가 본 적이 있습니까?"

나는 가 봤다고 대답했고, 벽에서 떨어진 페인트와 먼지가 바닥에 쌓인 박물관의 모양새가 아주 슬픈 꼴이었다고 말했다. 에릭이 말을 이었다.

"만약 당신이 문화부 장관을 설득해서 K-127을 유럽이나 미국 박물관으로 보낼 수 있다면 거기서는 훨씬 더 인정을 받을 수 있을 겁니다."

한동안 이 유쾌하지 않은 가능성을 내가 생각해 보는 동안 그가 말을 이었다.

"이 사람들은 돈만 신경 씁니다. 보아하니 그 비문을 원하는 사람은 팔레르모에서 온 고고학자밖에 없을 겁니다. 그녀가 학문 때문에, 그리고 당신이 생각하는 것처럼 중요한 발견에 자기 이름을 붙이려고 비문을 원한다고 해도 다른 사람들이 쉽게 훔쳐 갈 수 있어요."

"어떻게요?"

내가 물었다. K-127이 특히 수 톤은 족히 될 법한 무게를 생각하면 적어도 캄보디아에서 유출되는 문제에서는 안전하다고 생각했었다. 그는 손가락을 탁 튕기며 말했다.

"바로 그런 거죠. 그냥 상자에 싸서 기차편으로 태국으로 보내 배에 싣는 겁니다. 그 다음 일은 교수님도 알겠지만 유럽이나 미국의 몇몇 수집가의 손에 들어가는 거겠죠. 이런 일에 순진하게 굴지 말아요, 교수님……. 어떤 유물이든 밀수하기는 상당히 쉽답니다. 특히 거액의 돈이 걸려 있을 때는요. 교수님의 설명을 듣자 하니 이 비석은 역사적 중요성 때문에 수백만 달러는 족히 나가겠군요. 그러면 아무도 모르겠죠……. 그대로 없어져서 영원히 사라지는 겁니다."

언제든 내가 원할 때 보러 와도 된다고 펠레그리노가 말했던 것을 보면 비석은 아마 아직 씨엠립에 있을 것이라고 말했다. 바로 그때 키가 큰 금발 여인이 들어와 에릭 쪽으로 왔다.

"보트르 팜(votre femme, 당신 부인입니까)?"

그는 웃으면서 고개를 끄덕였다. 나는 그녀에게 내 소개를 했다.

이제 떠나야 할 때라는 느낌이 들어 그에게 말했다.

"최선을 다해 보겠습니다."

에릭이 대답했다.

"교수님이 그 유물을 구할 수 있기를 바랍니다. 숭고한 대의예요. 학문을 위해, 역사를 위해 유물을 구하려는 교수님의 노력에 박수를 보냅니다……."

24

2013년 3월 23일 아침에 나는 방콕의 수완나품 국제 공항으로 가는 기차를 탔고 프놈펜으로 가는 방콕 에어라인 비행기에 탑승하기 위해 대기했다. 나는 내가 구하려고 애쓰는 유물의 운명을 곰곰이 생각해 보았다. 아직 캄보디아에 있을까? 구해 낼 수 있을까? 나는 또다시 자책했다. 그렇게 수다스럽게 굴지만 않았다면 이런 곤경에 처하지 않았을 것이다.

휴식을 취하려고 산가지 놀이나 십자 낱말 맞추기를 하는 사람들도 있었다. 나는 소수를 생각했다. 수의 발달에 매우 중요한 그 비문에는 분명히 그 자체로 상서로운 숫자 127이 있었다. 127은 소수일 뿐만 아니라 메르센 소수이기도 했다. 메르센은 파리 수도원의 수사이면서 르네 데카르트의 친한 친구였다. 둘은 모두 수와 수학을 매우 좋아했다. 데카르트가 온 유럽을 여행하는 동안 메르센은 그와 편지를 주고받았으며 데카르트의 행방을 아는 사람이 그밖에 없을 때도 많았다. 데카르트는 비밀스러웠으며 가톨릭 교회에서 혐오하는 코페르니쿠스의 지동설을 받아들였기 때문에 이단 종교 재판으로 인한 박해를 걱정했다. 갈릴레오가 실험을 하던 때이자 많은 사상가들과 지성인들이 자연을 보는 관점에 대해 비우호적이던 종교 기관을 불안해하던 때였다.

몇몇 편지에서 데카르트와 메르센은 수를 논의했다. 메르센은 2^p-1의 형태를 갖는 수는 모두 소수라고 확신했다. 여기서 p는 소수였다. 이런 숫자들이 메르센 소수라고 알려지게 되었다. 어떻게 작동하는지 살펴보자.

맨 처음 소수는 2이다. 그러므로 첫 번째 메르센 숫자는 $2^2-1=3$으로 진짜 소수이다. 그러면 두 번째 메르센 숫자는 무엇인가? 두 번째 소수가 3이므로 두 번째 메르센 숫자는 $2^3-1=7$이다. 이것도 소수가 맞다. 그렇다면 다음은? $2^5-1=31$로 역시 소수이다. 그 다음에는 $2^7-1=127$로 이 숫자 역시 실제로 소수이다. 그러니 127은 소수일 뿐만 아니라 네 번째 메르센 소수이기도 하다. 그러므로 127은 아주 특별한 종류의 숫자이다. 메르센은 이런 종류의 숫자가 소수라는 자신의 생각이 정리, 즉 언제나 옳은 것이라고 생각했다. 그는 이 정리를 증명하지 못했고 실제로 맞지 않다는 것이 밝혀졌다. 실제로 그 다음 메르센 숫자는 소수가 아니다. $2^{11}-1=2047$인데 23과 89를 곱하면 나오는 숫자이다. (하지만 전반적으로 메르센 숫자는 소수인 경우가 많다.) 그래서 소수가 아닌 메르센 숫자가 처음으로 나오기 전에 마지막으로 등장하는 메르센 소수 127이 더욱 특별해진다고 나는 생

메르센 소수 찾기 프로젝트

메르센 숫자가 늘 소수인 것은 아니지만 큰 소수를 찾을 때 유용한 방편을 제공한다. 알려진 가장 큰 소수를 p에 넣어 2^p-1인 숫자를 구하면 된다. 이 숫자는 소수일 가능성이 높다. 그리고 p보다 기하급수적으로 큰 숫자이다. 그러니 수학 규칙에 따라 새로 나온 숫자가 실제로 소수인지 확인해보면 된다. 세계적으로 보급된 컴퓨터로 더 큰 소수를 찾는 GIMPS(Great Internet Mersenne Prime Search)라는 프로그램으로 $2^{57,885,161}$-1이 소수라는 것이 발견되었다. 이 글을 쓰는 시점에서는 이것이 알려진 가장 큰 소수이다.

각했다. 이제 나는 과학사를 위해 K-127를 되찾을 노력을 할 준비가 완벽하게 되었다. 바로 그 순간 내 항공편이 불리어졌고 나는 재빨리 탑승구로 걸어갔다.

비행기에 타기 위해 줄을 서 있으면서 나는 소수에 대한 메르센의 생각처럼 정리가 아닌 것으로 밝혀진 정리에 대해 내가 아는 가장 좋은 이야기를 떠올렸다.

저명한 일본계 미국인 수학자인 가쿠타니 시즈오는 제2차 세계대전이 끝난 직후 다른 수학자를 방문하기 위해 유럽에 머물렀다. 그들은 독일 전원을 함께 산책하며 수학을 논의했다. 전쟁 직후라

미군이 독일 도처에 주둔하고 있었다. 연합군이 막 해방시킨 지역인 독일 서부 전역에 미군의 기지와 막사가 있었다. 이야기에 깊이 빠져 있었던 두 수학자는 결국 미국 군사 기지에 우연히 발을 들이게 되었다. 캠프 입구의 경비병이 멈추라고 격렬하게 고함을 지르며 쫓아왔다.

"뭘 하는 거요?"

"이야기를 하고 있었는데요."

가쿠타니가 대답했다.

"무슨 이야기?"

"정리 이야기를 하고 있었습니다."

"무슨 정리?"

경비병이 다그치자 가쿠타니가 대답했다.

"그건 중요하지 않아요. 맞지 않다는 게 밝혀졌으니까요."[52]

PG 933편 에어버스 A319 비행기에 탑승하기 위해 줄을 서서 기다리면서 눈을 감고 있다가 K-127의 비문 날짜인 기원후 683년 역시 소수라는 것을 자각했다. 어떻게 아는지는 설명할 수 없었다. 그냥 직감이었다. 나중에 비행기 안에 앉아서 긴 암산을 몇 개 해 보았고 683이 실제로 소수라는 것을 확인했다. 이번 여행의 모든 것에 거의 초자연적이라고 말할 수 있을 수학적 향취가 있었다. 나는 탐색에서 이번 단계가 성공적으로 끝나길 바랐고 683이 소수라는 사실이 상서로운 신호로 느껴졌다.

내가 방콕을 떠나기 전에 받았던 이메일에서 카셀만은 회의적인 태도를 보였다. 그는 자기가 알기로 캄보디아가 부패가 만연한 나라이며 특히 공직 사회는 정도가 더 심하기 때문에 내 노력이 아무 소용이 없을지도 모른다고 언급했다. 나는 라오스에서 겪었던 일을 이야기해 주고 무슨 일이든 대처할 준비가 되어 있다고 말했다. 비행기에서 옆자리에 앉은 여성은 프놈펜에서 뒷골목으로 내몰린 여자들과 소녀들이 합당한 임금을 받는 일자리를 얻도록 돕는-어쩌면 니콜라스 크리스토프가 두 소녀를 데려다줬을-국제기구에서 일하는 캐나다 사람이라고 했다. 수백 달러를 뇌물로 주지 않을 경우 연장된 비자를 구실로 국외로 추방하겠다는 협박을 당한 이웃의 무서운 이야기도 들려주었다. 내가 이번 여행을 알린 사람들 중에서 K-127을 구하기 위해 필요하다면 공무원에서 뇌물을 줄 용의가 있는지 물었던 이가 있었다. 나는 절대 아니라고 대답했다. 게다가 이 유물을 구해 내기 위한 이번 여정에서 내가 가진 정부와의 끈인 합 토우치 각하에 대해 나는 아주 좋은 느낌이 들었다.

25

인터컨티넨탈 호텔에서 합 토우치 각하에게 전화를 했을 때 나는 상대가 매우 겸손하다는 것을 알았다. 그는 호텔로 와서 도착하는 대로 내 방에 전화를 하겠다고 했다.

“아닙니다. 제가 아래층에서 기다리겠습니다.”

나의 제안을 그는 거절했다.

“아닙니다. 방에서 편히 쉬고 계세요. 도착하면 제가 전화를 드리겠습니다.”

우리가 만나기로 한 시간은 오후 여섯 시 반이었다. 나에게는 반나절이 있었다. 나는 9층에 있는 방에 앉아 창문 밖을 내다보았다. 프놈펜과 방콕의 차이가 극명했다. 태국의 수도는 모든 건물이 번쩍거리고 밝고 흰색이나 밝은 푸른색으로 칠해져 있어 이제 막 지어진 것처럼 보였다. 창문에 물로 인한 얼룩도 없었고 거리는 아주 깨끗해서 맨발로 걸어도 될 정도였으며 모두가 미소를 짓고 있다. 태국은 경제의 대들보인 관광객이 국빈으로 대접받는 풍요로운 나라이다. 계엄령을 비롯해 나라가 겪고 있는 정치적인 문제에도 불구하고 대부분의 태국 국민들은 왕과 왕가를 대단히 자랑스러워하며 많은 공공장소에 왕족의 사진이 걸려 있다.

방콕에서 프놈펜까지의 여행길은 풍요로운 국가와 저개발 국가의 차이를 극적으로 보여 준다. 정말이지 그래서는 안 되었다. 캄보디아는 훨씬, 훨씬 더 좋은 것을 누릴 자격이 있다. 창문 밖으로 보이는 풍경은 칙칙했다. 깨끗한 하얀색이 아니라 빛바랜 노란색과 오렌지색이 주도적이었다. 도시는 스모그로 인한 연무로 뿌옇게 보였고 밭을 태우는 냄새와 쓰레기 냄새가 끊임없이 풍겼다. 나는 택시를 타고 강으로 갔다. 만남 전에 몇 시간이나 혼자 보내야 했다. 씨엠립 근처 톤레삽 호수에서 발원한 작은 톤레삽 강은 구불구불 흘러 내려와 프놈펜에서 넓고 깊은 메콩 강과 만난다. 이 두 강의 사이에 프놈펜의 중심부가 놓여 있다. 왕국 역시 이곳에 있는데 최근 서거한 왕을 애도하는 표지가 걸려 있었다. 노로돔 시아누크는 크메르 루즈가 공포 정치를 펼치는 동안 어렵게 행동 방침을 모색하는 등 격동의 시대를 거치며 캄보디아를 다스렸다. 크메르 루즈가 지배하는 동안 그의 권력은 억압되어 있었고 잔악한 학살에서 국민을 구하는 것과 국민을 위해 투쟁을 계속할 수 있도록 살아남기 위해 자신의 목을 보존하는 것 사이에서 아슬아슬한 줄타기를 해야 했다. 그 결과 그가 남긴 유산은 엇갈린 평가를 받는다.

나는 유명한 FCC 카페와 바에서 멈춰 강가에 있는 건물의 이층으로 올라갔다. FCC는 해외 특파원 클럽(Foreign Correspondents Club)의 약자로 1975년에서 1979년까지, 그리고 그 이후 크메르 루즈 시대의 공포를 폭로한 용감한 기자들이 찍은 많은 사진들이 카페의 벽에 장식되어 있다. 기자들은 때로 사진 한 장이나 기사 하나에 목숨을 걸었고 벽에 걸린 사진들이 그들의 노력을 뚜렷이 증명한다. 나는 열대음료를 마시며 강을 바라보았다. 거리에는 오토바이와 자전거가 가득했고, 어디서나 흔히 볼 수 있는 툭툭과 날카로운 눈을 가진 운전사들이 이 도시를 방문한 많지 않은 외국인들을 찾느라 열심히 살폈다. 나는 걸으면서 몇 분마다 계속 아니오, 툭툭이 필요하지 않아요, 하고 신호를 보내야 했다. 왕궁 부지는 개방되어 있었지만 선왕에 대한 애도 때문에 건물 내부 관람은 취소되었다. 그래서 나는 호텔로 돌아가 손님을 기다렸다.

약속한 시간은 6시 반이었는데 6시 15분에 호텔 접수계에서 각하가 기다리고 있다는 전화를 받았다. 나는 급히 아래층으로 향했다. 그가 운전사나 경호원조차 없이 혼자 왔음을 알고 놀랐다. 내 앞에 선 남자는 중간 키에 머리는 검은색이었다. 나는 몇 년 전에 그가 이끌었던 국립 박물관에 걸린 사진을 보았기 때문에 바로 알아볼 수 있었다. 그는 아직 젊고 활기 있어 보였다. 그가 말했다.

"밥은 호텔에서 먹읍시다. 내 생각에는 그게 제일 간단할 것 같군요."

우리는 몇 분 전에 막 저녁 식사를 위해 문을 연 호텔 식당에 들어갔다. 식당은 아시아 음식과 서양 음식으로 구성된 정식 뷔페를 제공하고 있었다. 둘 다에게 괜찮을 것 같았다.

우리는 박물관과 예술에 대한 이야기로 대화를 시작했다. 그는 조각상들을 가지고 얼마나 오래 작업했는지 박물관에서 사려고 하는 조각상이 진짜인지, 모조품인지 맞출 수 있다고 했다.

"그냥 느낌이 드는 겁니다. 과학적인 증거나 다른 합리적인 사유는 없어요. 그냥 조각상을 보면 뭔가 아니라는 느낌이 듭니다. 그게 바로 육감이죠."

흥미로운 이야기라고 생각했다. 어떤 숫자가 소수인지 아닌지 느낄 수 있는 사람들도 있고 어떤 예술 작품이 가짜인 것을 맞출 수 있는 사람들도 있다. 어떤 숫자나 조각품이 어떻게 보이는지, 혹은 경찰이라면 용의자가 어떻게 행동하는지 같은 문제이다. 우리는 가끔 초감각적으로 현실을 인지할 때가 있다. 어쩌면 숫자도 그런 식으로 발명된 것이 아닐까? 그는 어떻게 지금 자리에까지 이르렀는지 이야기했다.

"나는 아주 가난하고 굶주린 상태로, 머무를 곳도 없는 상태로 시작했습니다. 알겠지만 나는 크메르 루즈 정권 아래서 자랐습니다. 열한 살이 될 때까지 학교도 다니지 못했지요."

크메르 루즈는 많은 아이들에게 그런 짓을 저질렀듯이 그를 가족에게서 떨어뜨렸다. 그는 강제 노동을 해야 했고 먹을 것도 아주 조금밖에 주어지지 않았으며 종종 맨땅에서 자야 하는 때도 있었다.

나는 그렇게 열악한 상황의 이야기를 듣게 되어 유감이라고 했다.

"하지만 열한 살이 되었을 때 마침내 학교에 가도 된다는 허락을 받았습니다. 대부분의 1학년생보다 나이가 많긴 했지만요. 정말 열심히 공부했어요. 그래서 학교에서 1등을 차지했지요. 덕분에 폴란드의 대학에서 공부할 수 있는 기회를 얻었고, 장학금도 받았습니다."

기껏해야 소년에 불과했던 그는 수중에 겨우 80달러를 지니고 폴란드에 도착했다.

"큰돈이었어요. 나를 위해 그 금액을 저축하려고 우리 가족은 몇 달을 힘들게 일해야 했답니다. 그런데 나는 겨울 코트 한 벌을 사느라 그 돈을 한방에 다 써 버렸어요. 폴란드는 정말이지 얼어 죽을 것처럼 춥더군요. 캄보디아 출신이라 나는 추위가 뭔지를 전혀 몰랐어요."

그러다 장학금이 입금되기 시작했고 그는 간신히 생계를 유지하며 매일 밤 자정까지 폴란드어를 공부하는 한편 박물관 보존과 예술에 대한 수업을 들었다. 그는 예술을 감상하고 박물관에 전시하기 위해 예술품을 준비하는 방법을 배웠다. 전시회를 운영하는 방법과 기술적인 전시를 준비하는 방법, 그리고 박물관 행정 업무를 관리하는 방법도 배웠다. 학사 학위를 받고 뒤이어 석사 및 그 이상의 공부까지 한 뒤 그는 폴란드 대학에서 교직을 제안받았다. 그는 캄보디아로 귀국하기 전에 2년 동안 교수로 일했다. 그 무렵에는 그의 폴란드어가 완벽해졌지만 이제 캄보디아에서 폴란드어를 사용할 기회는 거의 없었다.

프놈펜에서 그는 캄보디아 국립 박물관 직원으로 들어가서 관장까지 올랐다. 그런 다음 더 높은 직위인 문화 예술부의 문화 사업국 국장 자리 제안을 받아들였다.

"나는 내 일을 사랑합니다. 캄보디아에 있는 4천 개도 넘는 오래된 절들을 책임지고 있지요. 캄보디아 전역에서 발견된 온갖 종류의 비문과 비석과 조각상들도 마찬가지이고요."

바로 그때 그의 휴대전화가 울렸다.

"전화를 받아야 할 것 같군요. 제 상사인 장관님이시네요."

그가 전화를 끊었을 때 나는 그가 안드로이드 전화기를 사용한다는 점을 언급했다.

"맞습니다. 나는 이런 장난감을 무척 좋아하지요. 새로운 기기가 나오면 사서 가지고 놀아야 해요. 어렸을 때는 장난감을 한 번도 가져 본 적이 없습니다. 크메르 루즈가 지배하던 시기에는 어린아이들이 그저 어린이이기가 불가능했습니다. 식사와 맨땅에서 잠을 잘 자리만 있어도 운이 좋았지요. 그래서 나는 그에 대한 보상으로 지금 장난감을 가지고 논답니다."

나는 유감스럽게도 이런 이야기가 현재 진행형이라는 사실을 알고 있었다. 호텔에서 보았던 조간신문의 일면에 실린 기사가 80대인 크메르 루즈의 지도자를 거의 35년이 지난 뒤 기소하는 것에 대한 내용이었다.

“자, 제가 각하께 말씀드리고 싶었던 것은 7세기에 만들어진 어떤 비문에 대한 이야기입니다.”

나는 PC를 켜고 11주 전에 찍었던 K-127의 사진을 그에게 보여주었다. 나는 그 비문이 수학의 역사와 생각의 역사에서 얼마나 중요한지 설명했다.

“이것은 마야의 상형문자를 제외하면 인간이 제로를 기호로 사용한 것이 최초로 발견되는 사례입니다. 하지만 마야의 상형문자는 현재 우리가 사용하는 십진법과 연계가 되지 않죠. 제로가 만들어지고 머지않아 이 비문이 제작된 것 같습니다. 그리고 이 비문이야말로 알려진 유물 중에서 가장 처음으로 제로가 출현한 것이지요.”

그가 내 말에 관심이 생긴 것 같았다. 나는 계속 말을 이었다.

“저에게 K-127은 로제타스톤만큼, 아니 그보다 더 중요합니다.”

합 씨는 한동안 숙고하는 듯하더니 곧 입을 열었다.

“분명히 우리 박물관 물건이군요.”

“아무렴요. 바로 그래서 제가 각하를 뵙고자 한 겁니다! 물론 그걸 찾을 수 있게 큰 도움을 주신 각하께 감사 인사도 드리고 싶었고요. 저는 K-127이 캄보디아 국립 박물관에 있어야 한다고 생각합니다. 어디에 배치해야 할지도 압니다…….”

나는 박물관에서 가져온 작은 책을 펼쳐서 다양한 전시물을 설명한 도표가 표시된 페이지를 찾았다.

"제 생각엔 바로 여기가 제자리일 것 같습니다."

나는 박물관의 북동쪽 모서리에 있는 방을 가리켰다.

"현재 7세기 앙코르 이전의 조각상들과 비석들을 전시한 곳이지요. 저는 K-127이 바로 여기에 있어야 한다고 생각합니다."

"훌륭해요. 전시에 붙일 설명을 직접 써 주지 않겠습니까? 그 중요성과 참조 목록도 전부 포함해서요. 그러면 내가 처리를 하겠습니다."

나는 고무되었다.

"고맙습니다, 고맙습니다. 제가 간절히 바라던 게 바로 그겁니다. 이틀 안으로 설명을 작성해서 이메일로 보내 드리겠습니다."

우리는 느긋한 분위기로 대화를 이어 나갔다. 내가 말했다.

"조르주 세데스는 귀국의 앙코르 문명과 앙코르 이전 문명을 '인도화'된 것이라고 말했지만 저는 그게 맞는지 잘 모르겠습니다. 저는 동남아시아의 문명을 '인도화'되었다고 말하는 것이 미국 문명을 '독일화'되었다고 말하는 거나 마찬가지로 들립니다. 세데스는 힌두의 신과 부처가 이곳에서도 숭앙을 받고 산스트리트어가 종종 사용되었다는 이유 때문에 그렇게 생각했지요. 자, 미국에서 우리는 독일어에서 온 영어 단어를 사용하고 크리스마스에는 산타클로스가 있어요. 하지만 우리 문명이 '독일화'되었다고 말하는 사람은 없습니다. 같은 이유에서 캄보디아의 고대 문명을 왜 '인도화'된 것으로 봐야 합니까? 게다가 K-127은 산스크리트어가 아니라 크메르 고어로 되어 있습니다."

그가 대답했다.

"글쎄요. 크메르 고어는 산스크리트어에서 나왔습니다. 그리고 앙코르 와트에서 당신이 본 예술의 주제 가운데 많은 것들, 가령 그 유명한 우유로 된 바다를 젓는 얕은 돋을새김 조각 같은 것 말이죠. 이런 장면들은 인도의 서사시 라마야나와 마하바라타에서 직접 가져온 겁니다. 우리 문명은 주로 인도에서 영향을 받았고, 이 지역의 다른 강대국인 중국은 상대적으로 끼친 영향이 적답니다."

"중국인들은 캄보디아를 부남이라고 불렀죠?"

"맞아요. 하지만 그건 당대의 중국 기록에서 불렀던 방식일 뿐입니다. 다른 이들은 캄보디아를 고대 진랍의 일부라고 생각했습니다. 그리고 가장 중요한 부분은 수(水)진랍이라고 불렀다는 거죠. 우리 생활에는 물이 아주 중요하기 때문이에요. 아시겠지만 문명은 물이 대량으로 존재하는 곳이라면 어디서든 일어났지요."

"바라이 호수처럼요?"

"바라이 호수와 물을 대량으로 얻을 수 있는 다른 곳들도요."

"무한의 바다로군요."

"맞아요. 무한의 바다입니다."

나는 제로가 순수하게 캄보디아, 즉 크메르의 발명이라는 사실을 역설하고 싶었다. 하지만 자기 나라의 예술과 역사와 문명의 전문가임이 분명한 합 씨는 크메르 문화가 발달하던 초기 단계에 인도와 확실히 연관이 있다고 보았다.

"알겠지만 예술 양식이 성숙해서 온전한 캄보디아 양식이라고 말할 수 있는 것이 만들어진 것은 K-127 비문이 만들어진 시대 이후, 앙코르 왕조 때입니다. 그전에는 서로 구별되는 예술 양식이 네다섯 가지 있습니다. 하지만 대단히 적극적이고 엄청났던 앙코르 시대, 강력한 왕들이 자체 문화 양식을 구축하려는 열의를 가졌던 시대에 다다르면 예술적, 건축학적 발상을 훨씬 많이 찾을 수 있습니다. 이것들은 순수한 캄보디아 양식이라고 말할 수 있지요. 하지만 그 이전 시대는 아닙니다."

이것은 새롭고 흥미로운 이야기였다. 그가 말을 이었다.

"물론 앞선 시대로부터 이어지는 연속성이 당연히 있습니다. 방금 전에 문화부 장관님과 통화했던 것은 내일 같이 갈 출장 때문이었지요. 나는 새벽 다섯 시에 일어나서 차를 타고 장거리를 이동해서 현장으로 가야 한답니다. 50년 전에 발견된 현장이지만 끊임없이 발굴을 계속해서 이제는 놀랍도록 중요한 결과들이 나오고 있어요. 이 유적은 기원전 4천 년 전의 것이지요."

"굉장하군요. 당신 나라의 문명은 신석기 시대부터 시작된 것이군요."

"맞습니다. 그 유적에 있는 것들은 주로 돌로 만든 도구들이지만 아주 흥미롭게도 상당히 발전된 단계를 보여 주고 있어요. 우리 문명은 실제로 아주 오래되었답니다."

나는 나중 시대에 관해 질문했고 그가 대답했다.

"글쎄요. 캄보디아에서 볼 수 있는 4천 개의 절 가운데, 아 여러 절이 함께 있는 곳은 하나로 묶어서 세어야 4천 개이지, 절을 하나씩 개별적으로 센다면 훨씬 많습니다. 이 절 가운데 많은 곳이 기원후 첫 몇 세기 안에 지어졌습니다. 불교가 이 땅에 도래한 것이 그 시기이기 때문이죠. 힌두교와 불교는 둘 다 인도에 기원을 둔 종교입니다. 그리고 7세기가 대단히 중요합니다. 삼보르 프레이 쿡과 메콩 삼보르의 절들이 그때 지어졌거든요. 당시 제로가 탄생한 것은 어쩌면 종교 구조가 크게 변한 것과 관계가 있을지도 모릅니다."

나는 이 이야기가 반가웠다. 제로를 포함한 동양의 숫자가 원래 종교적인 목적으로 발명되었다는 내 생각에 분명히 들어맞기 때문이었다. 그가 말했다.

"예, 물론이죠. 문명에는 중단이 없어요. 여러 왕들이 여러 위치, 언제나 물이 충분한 위치에 수도를 만들었기 때문에 장소가 움직였습니다. 9세기에 들어 옮겨서 수도를 정한 곳이 앙코르입니다. 앙코르 이전 시대부터 오늘날까지 자야바르만 7세처럼 위대한 왕들을 거치며 이곳에 계속 거주하게 된 겁니다."

늘 앙리 무호가 정글 속에서 1800년대에 앙코르를 재발견했다고만 들었던 나에게 이것은 놀라운 이야기였다.

"그렇다면 무호가 실제로 발견해 낸 것이 아니라는 말씀입니까?"

나의 질문에 그가 웃었다.

“당연히 아닙니다. 그건 서양의 신화일 따름이죠. 당신이 말한, 세데스가 K-127로 뒤집어 버린 숫자가 서양에서 발명되었다는 신화처럼 말이에요. 앙코르에는 계속 정착 과정이 있었습니다. 그 지역 전체에 사람들이 살았습니다. 거의 1,000년 동안이나요. 무호는 그저 그곳에 발을 들인 것뿐이죠. 그리고 정글이 성장하면서 덮어 버린 사원이라고 기록했어요. 오래된 건물을 아우르고 있는 거대한 나무뿌리를 찍은 유명한 사진은 봤겠지요. 그러나 사원 인근 도처에 사람들이 살고 있었고 사원 안에서 예배를 드렸습니다. 지금은 불교 사원으로 돌아가고 있는 건 알지요?”

“믿을 수 없군요.”

“아, 미안합니다만 나는 내일 굉장히 일찍 일어나야 합니다. 그러니 이제 가 보는 게 좋을 것 같군요.”

우리는 작별 인사를 했고 그를 호텔 입구까지 배웅하려고 하니 그가 만류했다.

“아니요, 그러지 마세요. 나도 길을 잘 알 거든요. 좋은 여행이 되길 바랍니다. 도움이 필요한 일이 있으면 꼭 말하시고요.”

나는 그에게 따뜻한 감사의 말을 전하고 K-127에 붙일 설명문을 바로 보내겠다고 약속했다. 다음 날 내내 호텔 방에서 K-127 전시 설명문을 쓰는 작업에 몰두했다. 나는 작업 결과를 합 토우치에게 이메일로 보내고 회신을 기다렸다.

K-127 비문

트라팡 프레이의 메콩 삼보르 유적에서 19세기에 발견. 앙코르 이전 시대 7세기 유물.
조르주 세데스가 크메르 고어에서 프랑스어로 처음 번역하여 1931년에 발표함.
지금까지 발견된 가장 오래된 제로가 이 비문에 들어 있다.

제로는 왜 중요한가? 제로는 산술을 효율적으로 할 수 있게 해 주는 없음의 개념이기도 하거니와 자리 값을 가져서 우리의 십진법이 작동할 수 있게 해 주는 방책이다. 제로가 있어 어떤 수를 표기할 때 숫자 열 개를 다른 위치에 넣을 수 있기 때문에 우리는 극히 효율적인 숫자 체계를 사용할 수 있다. 가령 현재 숫자 체계에 앞서 유럽에서 중세 후반까지 사용된 로마 체계는 라틴 문자로 양을 나타낸다. (I은 1, X는 10, L은 50, C는 100, M은 1,000이다.) 이 문자들을 반복해서 써서 숫자를 표기했는데 예를 들어 3,373을 MMMCCCLXXIII이라고 쓰는 식이었다. 현재 우리가 쓰는 체계에서는 동일한 숫자 3이 세 자리에서 사용되어 표기가 경제적이고 쓰기 쉽다. 라틴 문자는 다른 맥락에서 반복될 수 없다. 우리 숫자 체계가 효율적이고 강력한 것은 바로 이 제로 덕분이다. 즉 한 자리 숫자에서 5는 5이다. 하지만 제로를 일의 자리에서 값이 없는 자리 값으로 사용하면 십 자리에서는 같은 기호가 50이 된다. 비슷하게 제로를 십의 자리에서 자리 값으로 사용하면 505를 이렇게 고도로 효율적인 방식으로 쓸 수 있다. 가령 그리스 로마 시대의 문자를 기반으로 한 숫자 체계보다 약 2천 년이 앞선 바빌로니아에서는 자리 값인 제로가 없는 육십진법을 사용했다. 62와 (3,600이 60 다음에 오는 거듭제곱인) 3,602의 차이를 맥락에서 추측해야 했다. 훨씬 적은 바탕수와 특수 기호 제로를 사용하는 우리의 숫자 체계는 제로가 자리 값인 덕분에 그리스 로마 숫자, 바빌로니아 숫자, 그리고 이집트 숫자 체계에 비교했을 때 대단히 효과적이고 유용하다고 할 수 있다. 계산을 하는 것 역시 음수의 영역 전체를 정의해 주는 제로를 사용하면 훨씬 효과적이라는 점과 현재 우리가 컴퓨터나 휴대 전화, GPS 등 전자 장치로 하는 모든 것이 제로와 일로 된 문자열로 제어된다는 점을 생각해 보면 제로의 발명이야말로 인간 정신이 얻어낸 가장 위대한 지적 성취일 것이다.

그렇다면 누가 제로를 발명했을까?

지금까지 발견된 가장 오래된 제로가 들어 있는 이 비문은 크메르 고어로 되어 있으며 아래와 같이 시작한다.

çaka parigraha 605 pankami roc…….

번역하자면 이런 내용이다.

하현달의 다섯 번째 날에 사카 시대 605년에 달했다…….

이 숫자 605의 제로가 지금까지 발견된 우리가 현재 사용하는 숫자 체계의 제로 중에서 가장 오래된 것이다.

숫자 '605'에 해당하는 크메르 고어 부분이 있는데 가운데의 점이 제로, 우리가 현재 아는 한 처음으로 만들어진 제로이다. 사카 시대는 AD 78년에 시작했기 때문에 이 비문의 연도를 현대 달력으로 하면 605+78=683년이다.

이 비문에는 유명한 역사가 있다. 1930년대까지 서양의 많은 학자들은 제로—우리의 십진법 체계에 효율성과 다목적성을 부여하는 열쇠—가 유럽이나 아랍에서 발명된 것이라고 생각했다. 알려진 가장 오래된 제로는 인도의 괄리오르에 있는 차투르 부자 사원에 있었다. 이 제로는 9세기 중반의 것으로 추정된다. 그 시기에는 아랍 무역이 넓게 펼쳐졌기 때문에 괄리오르의 제로는 유럽이나 아라비아에서 제로가 발명되어 동양으로 넘어왔다는 가설을 물리치는 증거가 되지 못했다. 1931년에 조르주 세데스가 발표한 논문(아래의 참고 문헌 참조)은 제로가 동양, 아마도 캄보디아에서 발명된 것이라는 사실을 분명하게 증명했다. 이 비문이 아랍 제국에 앞설 뿐 아니라 괄리오르의 제로보다도 두 세기나 앞서기 때문이다. 한 해 뒤, 즉 연대가 684년인 제로가 거의 비슷한 시기에 인도네시아의 팔렘방 근처에서 발견되었고 역시 조르주 세데스가 발표했다는 것도 주목할 만하다.

K-127 비문은 한동안 이 박물관에 보관되었지만 1969년 11월 22일에 씨엠립에 있는 앙코르 보존 협회로 옮겨졌다. 크메르 루즈의 공포 정치 기간 동안 1만 개에 가까운 유물이 약탈당하거나 외관을 훼손당했고 이 비문의 행방도 확실치 않았다. 2013년 1월 2일 보스턴 대학교의 아미르 D. 악젤 교수가 앙코르 보존 협회의 창고에서 비문을 재발견했으며 합 토우치 각하의 관심 덕분에 이 박물관으로 돌아올 수 있었다.

참고 문헌:

조르주 세데스, 〈아라비아 숫자의 기원에 대한 설명(A propos de l'orgine des chiffres arabes)〉, 런던 대학교 동양학 대학 회지, 6권, No. 2, 1931년.

앤서니 딜러, 〈새 제로와 크메르 고어(New Zeros and Old Khmer)〉, 몬크메르 연구 저널 Vol 25, 1996년.

조르주 이프라, 〈숫자의 보편적 역사(The Universal History of Numbers)〉, 뉴욕, 와일리, 2000년.

나는 현재 사용하는 숫자 체계에서 자리 값인 제로의 중요성과 숫자가 어떻게 작동되는지 보여 주는 것에 내내 집중했다 십 자리나 백 자리나 천 자리 등에 숫자가 없는 것을 보여 주는 기호를 집어넣을 수 있기에 십진법의 열 개 숫자만 사용해서 어떤 숫자든 나타낼 수 있다. 그렇다면 전체적인 체계로서는 어떠한가?

프놈펜 공항의 출국 라운지에 앉아 방콕으로 돌아가는 비행기를 기다리면서 나는 숫자인 제로–순수하게 동양적인 사고방식(그리고 서양에서는 마야만이)을 통해서만 나올 수 있다고 내가 확신하는 개념–의 풍부한 역사를 곰곰이 생각했다.

동시에 나는 동양적 사고에서 일반적인 무한이라는 개념, "끝없는 바다", 즉 큰 바다뱀인 아난타, 영원, 그리고 1, 2, 3 등 단순한 숫자를 넘는 범위의 무수한 다른 형태를 생각했다. 그러나 동양적 개념인 제로와 무한을 비롯해 순수한 수학적인 배경에서 우리가 현재 사용하는 수가 발전된 것은 동양과 서양 둘 다에서였다.(유리수, 무리

수, 복소수는 15세기에서 19세기 사이에 유럽에서 이론적으로 탐구되었다.)

우리는 공, 즉 공집합에서 시작하는 숫자를 정의하고 1의 공집합이 든 집합, 공집합과 2의 공집합이 든 집합 등 집합 원소를 이용해 계속 진행시킬 수 있음을 보았다. 그러나 이것은 집합과 집합 원소의 개념을 사용해서 숫자를 정의하는 복잡한 방법이다. 현실적으로 숫자는 아주 다른 방식으로 발전했다.

고대 바빌로니아인과 이집트인들은 수천 년 전에 수를 대상에 부여해서 자기들이 관찰한 세트의 등급에서 수의 개념을 끌어내는 법을 알았다. 어쩌면 태곳적 가장 위대한 지적 발견은 어떤 사람이, 또는 다른 장소와 시대에서 여러 사람들이 땅 위에 놓인 돌 세 개, 초원의 암소 세 마리, 길을 걷는 세 사람, 밀 세 알, 피라미드 세 개, 염소 세 마리, 어린이 세 명을 보고 이 모두에 셋이라는 상태라는 유일한 공통점이 있다는 것을 알았을 때 일어났는지도 몰랐다. 마찬가지로 넷도 네 개인 여러 다른 것들의 양상으로 정의될 수 있었다. 수는 계속 커지고 더 커질 수 있었고 이런 이해의 마법 – 별개지만 동일한 등급을 가진 것들이 어떤 의미에서 같다는 것 – 은 너무나 강력했다.

곧 옛날 사람들은 이런 수를 의미하는 단어를 언어에 추가했다. 실제로 특히 인도와 인도의 영향 아래 있던 다른 몇몇 아시아 나라들에는 특수한 단어, 보편적으로 인정되는 수의 범주에 속한다고 모두가 알고 있는 명사들이 있다. 이런 명사들은 수와 같은 뜻을 갖는다. 세데스가 1931년에 발표했던 중요한 논문에 좋은 예가 있다. 이 논문에서 세데스는 샹갈의 비석을 언급한다.

"사카 왕의 해(年)를 숫자로 표현하면 풍미, 감각 기관, 그리고 베다이다."

세데스는 음식에 알려진 맛이 여섯 가지 있으며 감각 기관은 다섯 가지, 베다(고대 힌두교 경전 모음집)는 네 가지가 있다고 설명했다. 따라서 이는 숫자 654를 단어로 표현하는 방법이다. 이런 방법이 캄보디아, 인도, 그리고 남아시아와 동남아시아의 여러 국가에 널리 퍼져 있었다.

다음으로 세데스는 1923년에 발견된 디나야라는 곳의 비문을 예로 제시한다. 여기서는 사카 682년이 "풍미, 바수, 그리고 눈"으로 제시된다. 다시 그는 풍미가 6이라는 점을 언급하고 바수(비슈누를 따르는 신들로 여덟 명이 있다)는 8을 뜻한다고 설명했다. 그리고 우리는 사람의 눈이 두 개라는 것을 안다.

하지만 세데스는 여기서 생기는 문제도 다뤘다. 광범한 지리적인 영역과 여러 시대에 걸치다 보니 어떤 숫자가 어떤 명사로 표현되는지에 대한 합의가 늘 일치하는 것은 아니고, 때로 애매한 부분이 존재했다.[53] 이런 어려움은 오늘날 우리가 음성 문자를 사용할 때 마주치는 문제와 비슷하다.

전화상으로 영어가 완벽하지 않은 사람이나 전화 연결 상태가 나쁜 경우, 내 이름을 어떻게 쓰는지 물을 때 해당 알파벳이 들어간 단어를 계속 읊어야 할 때가 종종 있다.

"악젤(Aczel)이요. 사과(apple)의 A, 찰리(Charlie)의 C, 얼룩말(zebra)의 Z, 유럽(Europe)의 E, 래리(Larry)의 L입니다."

내가 이런 단어들을 사용하는 이유는 가장 먼저 떠오르기 때문이다. 보통 두어 번은 되풀이해야 한다.

물론 대부분은 내가 틀리다. 나토(NATO, 북대서양 조약 기구)에서 인정하는 음성 문자는 알파(Alfa), 브라보(Bravo), 찰리(Charlie), 델타(Delta), 메아리(Echo), 폭스트롯(Foxtrot), 골프(Golf), 호텔(Hotel), 인도(India), 줄리엣(Juliet), 킬로(Kilo), 리마(Lima), 마이크(Mike), 노벰버(November), 오스카(Oscar), 파파(Papa), 퀘벡(Quebec), 로미오(Romeo), 시에라(Sierra), 탱고(Tango), 유니폼(Uniform), 빅터(Victor), 위스키(Whiskey), 엑스레이(Xray), 양키(Yankee), 줄루(Zulu)이다. 하지만 이걸 기억하는 사람이 있기는 할까?

유추하자면 동양에서 몇 세기 동안 일반적이었던, 사람들이 "베다"로 4를, "풍미"로 6을 말하는 수 체계는 확실히 모든 사람들이 똑같이 이해할 수는 없었을 것이다. 수를 쓰는 기호가 발명되어야만 했던 중요한 이유 가운데 하나였다.

세데스는 옛날 크메르의 숫자 시스템은 십진법이 아니었다고 설명했다. 심지어 현재도 30을 넘는 숫자는 십진법에서 빌려 와야 하는데도 현대 크메르어에서 30보다 낮은 숫자는 완벽하게 10을 바탕으로 하지 않고 5와 20을 바탕으로도 한다. 세데스는 크메르어에 20의 배수가 많다는 점을 언급했다. 그에 비해 프랑스어에서는

80(quatre vingt, 사 이십)과 80이 나오는 숫자(예를 들면 quatre vingt dix neuf(팔십 십구—옮긴이)이 99)밖에 없었다. 크메르인들은 20의 배수를 자주 사용했는데 명백히 손가락이 열 개, 발가락이 열 개라서 나왔을 20 기반 체계의 흔적이 남은 것이다. 크메르의 숫자 체계는 달력 일부에서 18 기반 체계를 사용했던 것을 빼고는 거의 유일하게 20 기반 숫자 체계를 사용했던 마야 체계를 연상시킨다.

옛날에 크메르인들에게는 숫자가 1, 2, 3, 4, 5, 10, 20과 20의 여러 배수만 있었다고 세데스는 설명했다. 그들이 이해했던 숫자는 그게 전부였다. 어떤 시점에서 그들은 100을 의미하는 산스크리트어의 단어 차타(chata)를 빌려 왔다. 이 숫자들로 그들은 모든 숫자 정보를 표현했다.[54] 물론 이런 것들은 전부 그들의 숫자가 무르익고 K-127 비문이 증거하는 것처럼 제로를 발명(또는 인도나 다른 곳에서 도입)하기 이전에 있던 일이었다.

이 모든 사실에 나는 손가락과 발가락이 얼마나 중요한지 절실히 느꼈다. 손가락과 발가락이 없었다면, 또는 숫자가 달랐다면 우리는 숫자를 전혀 다른 방식으로 보고 있을지도 모른다. 언젠가 한 손에 손가락이 두 개뿐이고 발가락이 두 개뿐인 외계인을 만난다면 그들의 숫자 체계는 이진법이어서 우리보다 더 가깝게 컴퓨터 내부와 소통할 수 있을지도 모른다. 우리 숫자는 늘 0과 1만 있는 이진법 코드로 '번역'을 해야 컴퓨터가 이해할 수 있다.

한편 한 손에 손가락이 두 개, 한 발에 발가락이 두 개라 어쩌면 그들의 숫자 체계가 8을 바탕으로 하는 팔진법이 될 수도 있다. 그런 것을 생각하자니 재미있기도 했고 내 소중한 발견물의 운명에 관한 소식을 기다리는 데 즐거움이 되어 주었다. 방콕에서 K-127의 운명과 합 토우치가 약속을 지킬 것인지에 관한 소식을 기다리는 것에서 비롯된 엄청난 긴장을 덜어 주었다.

조르주 세데스는 인도차이나에서 프랑스의 식민 지배가 끝나고 몇 년 뒤 고국인 프랑스로 돌아갔다. 신생 국가들에서 민주주의, 의회, 군주제, 그리고 공산주의 문제를 두고 싸움이 벌어졌기 때문이었다. 파리에서 그는 명문 학교의 교수가 되었고 동남아시아에 관한 논문과 책들을 계속 써 나갔다. 그는 태국의 흰코끼리 훈장과 프랑스의 명망 높은 레지옹도뇌르 훈장을 비롯해 많은 훈장을 받았다. 세데스는 1969년 10월에 파리에서 사망했다. K-127이 앙코르 보존 협회로 보내지기 한 달 전이어었다. 그에게는 일곱 자녀가 있었는데 그중 한 명이 캄보디아 해군 제독이 되었다. 그 덕분에 나는 이 위대한 사람과 바다로 묶인 인연 같은 것을 느낄 수 있었다.

2013년 4월 9일에 나는 마침내 기다리던 이메일을 받았다.

아미르 교수님 귀하

서신을 쓰기까지 이렇게 오랜 시간이 걸려서 죄송합니다. 프놈펜에서 교수님과의 만남은 대단한 기쁨이었으며 제로의 역사에 관한 이야기를 들을 수 있어서 즐거웠습니다. 이제 세계 문명에서 최초가 된 크메르의 제로에 대한 교수님의 연구 논문에 감사드립니다. 이 흥미로운 소식을 동료들에게 전했으며 비문을 프놈펜 국립 박물관에 전시하게 되기를 고대하고 있습니다. 교수님을 만나게 될 날을 기다리며 혹시 이 중요한 연구에 관해 도움이 필요하시면 연락 주십시오.

토우치 배상

나는 고무되었다. 성공적인 결론이 가시권에 들어왔다는 것이 믿기 힘들었다. 내 여정을 이제 끝낼 수 있는 것일까? 그 다음에 온 이메일들에 마침내 바라던 것이 실현될 거라는 안심이 들었다. 합 토우치 각하는 중요한 K-127을 로렐라 펠레그리노의 손에서 되찾아 한때 그 비문이 있었던, 그리고 지금도 속해 있는 프놈펜의 캄보디아 국립 박물관에 보낼 수 있도록 준비하고 있었다. 그러면 학자들과 수학자들과 과학 사학자들과 캄보디아 국민들과 외국인들이 지금까지 발견된 것 중에서 가장 오래된 우리 숫자 체계의 제로—우리의 역사관을 바꾼 발견, 제로가 동양에서 왔다는 것을 결정적으로 증명하는 과학사적 유물—를 볼 수 있게 될 터였다.

데브라는 다시 나와 방콕에서 만났고 우리는 한 주 뒤에 바레인에서 비행기를 갈아타고 파리로 날아갔다. 센 강 좌안에 있는 작은 호텔에서 나는 인터넷을 사용해 〈허핑턴 포스트〉에 기고할 K-127의 재발견에 관한 짧은 기사를 썼다. 기사는 몇 시간 뒤에 실렸다. 기사의 링크를 합 토우치에게 보내자 그는 이른바 "크메르 제로"를 이제 사람들이 알기 시작해서 기쁘다는 답장을 보내왔다. "논의를 시작합시다!" 그의 답장이었다.

그의 조국은 이 유물을 전시하고 설명하는 것으로 이득을 볼 수 있었다. 나는 크메르 루즈 시대 동안 약탈되어 전세계 박물관들에 팔려 간 많은 조각상들을 캄보디아로 송환하려는 그의 노력이 성공하기를 바랐다. 〈트리뷴〉지에 뉴욕 메트로폴리탄 미술관에서 그런 조각상 두 개를 반환하기로 했으며 전 세계 다른 박물관들도 같은 조치를 고려하고 있다는 기사가 실린 적이 있다. 나는 그 모든 것이 합토우치가 박물관들과 협상을 벌인 결과라는 것을 알고 있었다. 또한 나의 연구가 이 커다란 노력에 조금이라도 기여했다는 것이 기뻤다.

데브라가 보스턴으로 돌아가기 위해 떠나고 나는 프랑스에 며칠을 더 머물렀다. 이 커다란 모험을 끝내기 전에 마지막으로 할 일이 하나 남았다. 대서양을 횡단하는 비행을 위해 탑승 수속을 하는 카운터까지 데브라를 배웅한 뒤 나는 샤를드골 공항의 2터미널로 가서 프랑스 남부로 가는 국내선에 탑승했다.

프랑스 남서부에 있는 툴루즈에 착륙한 뒤 나는 렌터카 대리점으로 가서 알파로메오의 열쇠를 받았다. 곧 정남쪽에 위치한 피레네 산맥으로 향했다.

알파로메오는 가파른 산길에서 멋지게 회전했다. 차를 몇 번이고 신속하고 교묘하게 회전해 가면서 운전해 올라가자니 무척 신이 났다. 두 시간 동안 산길을 달리자 정상에 도달했다. 수목 한계선보다 훨씬 높은 곳으로 산꼭대기의 독립국인 안도라공국의 국경을 막 넘은 참이었다. 나는 거의 해발 2,700미터에 이르는 곳에서 강하게 내린 에스프레소를 즐겼다. 정상에서 보이는 숨막히는 경관에 기분이 들떴다. 그런 다음 다시 내려와 프랑스 국경을 넘었다. 국경 아래에서 도로 두 개가 방향을 돌리고 있었고 나는 이곳까지 온 목적을 발견했다.

나는 나무로 지은 알프스 주택 앞에 차를 세웠다. 집 외부의 목판에는 알프스에서 흔히 볼 수 있는 화려한 디자인이 새겨져 있었다.[55]

문을 두드리자 50대쯤 된 매력적인 여성이 문을 열었다. 그녀는 목선이 깊게 파여 풍만한 가슴골이 드러나는 푸른색의 긴 드레스를 입고 있었다. 그녀가 활짝 웃으며 말했다.

"그이가 오전 내내 기다리고 있었답니다. 잠시만 기다리세요. 그이를 데려올게요……. 라씨!"

그녀가 부르니 곧 그가 계단을 내려왔다. 여든여덟 살임에도 그는 몸이 좋고 건강해 보였다. 그가 나를 꽉 껴안으며 말했다.

"만나서 정말 반갑구나! 정말 오랜만이야……. 아마 40년 정도 되었지?"

나는 웃으며 말했다.

"그래요, 맞아요, 정말 오랜만이네요. 하지만 뵙고 싶었습니다. 그리고 당신이 관심 있을 이야기도 가져왔답니다."

우리는 산이 보이는 발코니를 열어 둔 넓은 거실에 앉아 배 위에서 지내던 옛날 이야기, 산 이야기, 그리고 수의 탄생과 수학에 관한 이야기들을 나눴다.

"그 옛날, 1972년에 배에서 헤어질 때 당신이 나에게 어떤 이야기를 해 줬었답니다."

그는 잠시 놀란 것 같았다. 나는 자세하게 설명하며 말했다.

"그 이름은 조르주 세데스였어요. 아시아에서 처음으로 알려진 제로를 찾았던 프랑스의 고고학자였죠."

"아, 그래. 이제 대충 기억이 나는구나. 그래, 그가 찾았어, 맞아."

"하지만 그건 사라지고 말았어요. 크메르 루즈가……."

"그래, 그 사람들이 전부 부숴 버렸지. 나도 들었어. 그래서 이젠 없어졌지?"

"제가 찾아냈어요."

"네가 최초의 제로를 찾아냈다고?"

나이가 들었지만 여전히 예리한 그의 눈에 번뜩임이 스쳤다.

"예. 보여 드릴게요."

나는 컴퓨터를 켜고 K-127의 사진을 그에게 보여 주었다.

"이것이 역사상 가장 오래된 제로예요. 몇 년이나 탐색하고서야 발견할 수 있었죠. 그리고 1931년에 처음 발표해서 제로가 서양이나 아랍에서 발명된 것이라는 옛날 주장들이 틀렸다는 것을 밝혀낸 사람은 세데스가 맞아요."

라씨는 내 맞은편 소파에 앉아 미소를 지었다.

"그래, 내 친구, 네가 가장 오래된 제로를 찾았구나. 축하한다! 정말 대단한 일이야. 이제 다음에는 뭘 할 거니?"

"우리는 여전히 전체 숫자가 어디에서 나온 건지 몰라요. 누군가가 아쇼카, 나나가트, 카로스티 같은 인도의 숫자를 연구해 봐야 해요. 정말로 아람 문자가 숫자로 이어졌는지 좋은 연구를 할 만한 자리가 있겠지요. 수학자로서 당신은 이런 연구에 관심이 없겠지만요."

"그래. 나에게는 제로라는 개념의 기원이 불교의 공에서 나왔다는 네 생각이 더 흥미롭구나. 어쩌면 몇몇 철학자들은 이런 맥락을 따를지도 모르겠어."

그는 잠깐 말을 멈췄다가 다시 계속했다.

"하지만 네가 이룬 건 대단해. 그렇게 오래 전에 나와 했던 평범한 대화가 이렇게 보람 있는 연구로 너를 이끌었다니 정말 기쁘구나."

그는 확실히 기뻐했다. 곧 자리에서 일어나더니 내 손을 잡았다.

"네가 했어. 네가 해냈어. 네가 정말 자랑스럽다! 한잔하지 않을 수 없겠군."

그는 신이 나서 여자 친구인지 아내인지는 알 수 없는 그녀를 불렀다. 그녀는 우리에게 얼음을 탄 위스키를 가져다주었다.

그러고서 그녀는 러시아산 검은 캐비어가 든 병을 열어 셋이 먹을 수 있도록 작은 토스트 조각 위에 발랐다. 레드 카스피안 철갑상어알이었다. 상당히 비쌌을 것이다. 내가 말했다.

"배에서 캐비어를 먹던 게 생각나네요. 배의 복도에 샤갈과 미로의 유화 진품을 걸 수 있을 정도로 돈이 넘치던, 그런 사치품에 돈을 너무 많이 써서 결국 부도난 짐 여객 라인을 전부 부담했었지요."

라씨가 자리에서 일어나 나를 보았다.

"걱정 말게. 여기 많이 있으니까."

옆에 있던 그녀는 뭔가를 아는 것처럼 웃음을 터뜨렸다. 라씨는 거실을 가로질러 옆에 붙은 주방으로 가더니 커다란 냉장고를 열었다. 안에 든 것을 딱 볼 수 있을 만큼이었다. 카스피해 캐비어 병이 무척 많았다. 그리고 바에는 스카치 위스키, 칼바도스, 드람뷔, 그랑마니에, 사케 등 비싼 술들이 잔뜩 있었다. 나는 어리둥절해서 그를 보았다.

"흐흐, 도로 바로 위에 있는 프랑스 세관의 검문소는 봤지? 못 볼 수가 없었겠지."

나는 이해하지 못했다.

"안도라가 세상에 마지막으로 남은 조세 피난처 중 하나라는 건 알겠지?"

나는 고개를 끄덕였다. 어렴풋하게 머릿속에서 떠오르는 것이 있었다. 일순간 침묵이 흘렀다. 그는 나를 본 다음 말했다.

"밤이 늦으면 검문소에는 아무도 없지. 이 집은 딱 적당한……."

"우리 어머니의 여행 가방처럼요."

내가 끼어들었다. 아주 희미한 미소가 늙은 입술 위로 퍼졌다.

"그래. 네 어머니의 여행 가방처럼."

후기

2015년 3월 27일에 나는 프놈펜에 있는 캄보디아 문화 예술부 건물의 우아한 영빈관에서 장관인 포유릉 사코나 여사를 만났다. 장관은 직접 지시를 해서 K-127을 국립 박물관으로 옮겼다고 알려 주었다. 다음 날 나는 소중한 돌비석을 깨끗이 닦아 전시를 하기 위해 준비 중인 박물관 작업장의 안내를 받았다.

주석

1 라틴 숫자 형태의 분석과 라틴 숫자가 에트루리아 기호에서 파생되었다는 새로운 이론이 폴 키저의 〈1에서 1000까지 라틴 숫자의 기원(The Origin of the Latin Numbers from 1 to 1000)〉 (미국 고고학회지 92(1988년 10월)의 529~546페이지)에 잘 설명되어 있다.

2 조르주 이프라의《숫자의 보편적 역사(The Universal History of Numbers, 뉴욕, 와일리, 2000)》에 흔적이 남은 고대 뼈의 사진이 여러 장 실려 있다.

3 토마스 히스,《그리스 수학의 역사(A History of Greek Mathematics, 뉴욕, 도버) 1권》7페이지.

4 후대 학자들의 논쟁을 비롯해 이 주제에 대한 현대적인 설명을 보려면 조르주 이프라의《숫자의 보편적 역사》91페이지를 참고.

5 마야 숫자와 달력과 제로 상형문자는 찰스 C. 만의《1491: 콜럼버스 이전 아메리카에 관한 새로운 사실들(1491: New Revelations of the Americas Before Columbus, 뉴욕, 크노프, 2005)》의 22~23, 242~247에 잘 설명되어 있다.

6 조르주 이프라의《숫자의 보편적 역사》360페이지.

7 성 아우구스틴,《신국론(The City of God, 뉴욕, 모던 라이브러리, 2000)》363페이지.

8 유명한 승려이자 학자인 나가르주나가 2세기에 쓴《중론》의 8절 18장.

9 루이즈 니콜슨, 《인도(India, 워싱턴 DC, 내셔널 지오그래픽, 2014)》 110페이지.

10 데이비드 유진 스미스, 《수학의 역사 2권, 초기 수학의 특별한 주제들(History of Mathematics, Volume 2: Special Topics of Elementary Mathematics, 보스턴, 긴 앤드 컴퍼니, 1925)》 594페이지

11 다카오 하야시 덕분에 알렉산더 커닝햄의 《인도의 고고학 연구 2》의 "1862~1865년 사이의 네 가지 보고서" 434페이지를 참고.

12 마크 제가렐리, 《바보들을 위한 논리학(Logic for Dummies, 뉴욕, 와일리, 2007)》 20~21페이지.

13 같은 책 22~23페이지.

14 F. E. J. 린턴, 〈테트랄레마 수수께끼를 국소적, 언어적으로 해명해 보기(Shedding Some Localic and Linguistic Lights on the Tetralemma Conundrums)〉 원고(http://tlvp.net/~fej.math.wes/SIPR_AMS-IndiaDoc-MSIE.htm).

15 미국 수학 학회 기관지 38호 393페이지에 실린 피에르 카르티에의 〈미친 시대의 연구(A Mad Day's Work)〉

16 같은 글 395페이지. 이탤릭체로 된 부분은 원문이다.

17 F. E. J. 린턴, 〈테트랄레마 수수께끼를 국소적, 언어적으로 해명해 보기〉

18 도브 가베이, 폴 타가드, 존 우드 등이 편집한 〈통계 철학(Philosophy of Statistics)〉에 실린 C. K. 라주의 "인도의 가능성(Probability in India)"에서 더 많은 내용을 찾아볼 수 있다.

19 킴 플로프커 《인도의 수학(Mathematics in India, 프린스턴 NJ, 프린스턴 대학교 출판부, 2009)》 5페이지.

20 존 키, 《인도: 역사(India: A History, 뉴욕, 그로브 프레스, 2000)》 29페이지.

21 같은 책 30페이지.

22 같은 책 30페이지.

23 존 맥리쉬 《숫자 이야기(The Story of Numbers, 뉴욕, 포셋 콜럼바인, 1991)》 115

페이지.

24 같은 책 116페이지.

25 데이비드 유진 스미스, 《수학의 역사 2권, 초기 수학의 특별한 주제들》 65페이지.

26 M. E. 오벳, 《페니키아인과 서양(The Phoenicians and the West, 케임브리지, 케임브리지 대학교 출판부, 2001)》

27 로버트 카니겔, 《무한을 알았던 사람(The Man Who Knew Infinity, 뉴욕, 워싱턴 스퀘어, 1991)》 168페이지.

28 초기의 제로가 담겨 있을 가능성이 있는 이 비문에 대한 보기 드문 언급 내용이 《인디카 금석학 34(Epigraphia Indica (1961~1962))》에 실려 있다.

29 모리츠 칸토어, 《수학사 강의 1권(Vorlesungen über Geschichte der Mathematik, 라이프치히, 드럭 앤드 퇴브너, 1891)》 608페이지.

30 루이스 C. 카핀스키, 〈사이언스 35 (1912년 6월 21일)〉 969~970페이지, "힌두 아라비아 숫자(The Hindu-Arabic Numerals)"

31 같은 글 969페이지.

32 G. R. 케이, 〈이시스 2(Isis 2, 1919년 9월)〉 "인도의 수학(Indian Mathematics)" 326페이지

33 같은 글 328페이지.

34 이 정보를 제공해 준 다카오 하야시에게 감사한다. 그는 잃어버린 칸텔라 비문을 일본어로 된 저서 〈인도의 수학(1993)〉 28~29페이지에서 다룬다.

35 현대의 좋은 출처가 픽 케오의 〈크메르 석조 예술(Khmer Art in Stone, 5th ed., 프놈펜, 캄보디아 국립 박물관, 2004)

36 조르주 세데스, 〈아라비아 숫자의 기원에 대한 설명(A propos de l'orgine des chiffres arabes)〉, 런던 대학교 동양학 대학 회지, 6권, No. 2, 1931년.

37 같은 글.

38 같은 글 328페이지.

39 주달관, 〈진랍풍토기(Recollections of the Customs of Cambodia)〉, 폴 펠리오가 극동 프랑스 학교 기관지에 프랑스어로 번역 기고(1902). 재닛 미르스키 등이 편집한《위대한 중국 여행자(The Great Chinese Travellers, 시카고, 시카고 대학교 출판부 1974)》에 영어로 재판.

40 이스마일 쿠쉬쿠쉬, 〈인터내셔널 헤럴드 트리뷴〉 2013년 4월 2일 호에 실린 "전쟁으로 짓밟힌 땅에서 유적 발견(A Trove of Relics in War-Torn Land)".

41 도브 가베이, 폴 타가드, 존 우드 등이 편집한 〈통계 철학〉에 실린 C. K. 라주의 "인도의 가능성" 1176 페이지.

42 나가르주나(용수), 《중론(The Fundamental Wisdom of the Middle Way, 옥스퍼드, 옥스퍼드 대학교 출판부, 1995)》 3페이지.

43 같은 책 73페이지.

44 틱낫한, 《아! 붓다(The Heart of Buddha's Teaching, 뉴욕, 브로드웨이, 1999)》 146~148페이지.

45 조르주 세데스, 〈아라비아 숫자의 기원에 대한 설명〉 323~328페이지.

46 그레이엄 프리스트의《비교 철학 1(Comparative Philosophy 1,2010)》 24페이지 "카투스코티 논리(The Logic of Catuskoti)"에 나오는 구절이다.

47 T. 틸레만의 "불교 논리는 비표준적인가, 일탈적인가(Is Buddhist Logic Non-Classical or Deviant, 1999)" 189페이지에 나온 내용을 그레이엄 프리스트가 "카투스코티 논리"에서 인용. 24페이지.

48 S. 라다크리슈난과 C. 무어가 편집한《인도 철학 자료집(A Sourcebook on Indian Philosophy, 프린스턴, 프린스턴 대학교 출판부, 1957)》을 그레이엄 프리스트가 "카투스코티 논리" 25페이지에서 인용. 프리스트는 "성인"이 빈약한 번역이며 실제 의미는 깨달음을 얻은 사람, 즉 부처(또는 여래)를 뜻한다고 설명한다.

49 그레이엄 프리스트, 〈카투스코티 논리〉 28페이지.

50 게오그르 칸토어와 다양한 수준의 무한에 대해 더 자세히 알고 싶다면 아미르 D. 악젤의 《알레프 수수께끼(The Mystery of the Aleph, 뉴욕, 워싱턴 스퀘어북스, 2001)》을 참고.

51 테라섬 폭발의 정확한 방사성 탄소 연대 측정법에 대해서는 《방사성 탄소 37(Radiocarbon 37)》의 845~849페이지에 있는 아미르 D. 악젤의 "손잡이 가죽을 사용한 개선된 방사성 탄소 연대 추정(Improved Radiocarbon Age Estimation Using the Bootstrap, 1995)"을 참고.

52 나는 이 이야기를 가쿠타니의 친구이자 저명한 수학자인 야노스 악젤에게서 들었다. (내 친척은 아니다. 악젤은 헝가리에서 흔한 성이다.)

53 조르주 세데스, 《아라비아 숫자의 기원에 대한 설명》 326페이지.

54 같은 글 327페이지.

55 이 집과 위치에 관한 세부 설명 가운데 일부는 거주자의 사생활을 보호하기 위해 바꿨다.

참고 문헌

- G. 아르티올리, V. 노치티, I. 안겔리니, "에트루리아 주사위로 도박하기: 숫자와 글자 이야기", 고고표본연대측정학 53호(2011년 10월), 1031~1043페이지
- M. E. 오벳, 《페니키아인과 서양》, 케임브리지 대학교 출판부(2001)
- 성 아우구스틴, 《신국론》, 모던 라이브러리(2000)
- 칼 B. 보이어와 우타 메르츠바흐, 《숫자의 역사 2판》, 와일리(1993), 바빌로니아, 이집트, 그리스 및 초기 힌두 숫자에 대한 설명을 비롯한 다른 초기 수학에 관해서 학문적으로 이 책을 참고했다. 이 책에는 동남아시아에서 가장 오래된 제로가 발견되었다는 내용은 들어 있지 않다.
- 로렌스 파머 브릭스, 미국 철학 학회 회지(1951)에 실린 "고대 크메르 제국", 1-295, 지금은 사라진 캄보디아에서 발견된 초기 숫자에 관한 몇몇 정보가 담겨 있다.
- 플로리안 카조리, 《수학 기호의 역사 1권과 2권》, 도버(1993), 수학 기호에 대한 최고의 정보원 재출간. 동남아시아에서 가장 오래된 제로가 발견되었다는 내용은 들어 있지 않다.
- 모리츠 칸토어, 《수학사 강의 1권》, 베를린(1907)
- 조르주 세데스, "아라비아 숫자의 기원에 대한 설명", 런던 대학교 동양학 대학 회지 6권, No. 2(1931년), 323~328페이지. 세데스의 이 중요한 논문은 그때

까지 알려진 것보다 두 세기나 앞선 캄보디아의 제로를 세데스 자신이 발견하고 분석해서 보고함으로써 우리 숫자 체계의 발전 연대표 전체를 바꿔 놓았다.
- 조르주 세데스, 《동남아시아의 인도화 국가》, 하와이 대학교 출판부(1996), 가장 오래된 숫자를 발견한 저자의 연구가 언급되어 있는 동남아시아의 역사에 관한 포괄적이고 권위 있는 자료.
- 알렉산더 커닝햄, 〈인도의 고고학 연구 2〉의 "1862~1865년 사이의 네 가지 보고서", 434쪽.
- 비다야 데헤지아, 《초기 불교의 바위 사원들》, 코넬 대학교 출판부(1972), 불교의 바위와 동굴 비문이 잘 설명되어 있으며 아주 초기의 숫자들도 다룬다.
- 앤서니 딜러, 〈새 제로와 크메르 고어〉, 몬크메르 연구 저널 Vol 25(1996년), 125~132페이지, 7세기로 거슬러 올라가는 캄보디아의 초기 제로에 관한 최근 자료.
- 존 W. 더햄, "유럽 회계에서 '아라비아' 숫자의 도입", 회계역사학회지 19(1992년 12월), 25~55페이지.
- 제라드 엠 등, 〈인도 수학의 기여〉, 힌두스탄 북스(2005)
- 장 피에르 에스코피에, 〈갈루아 이론〉, 레일라 슈넵스 번역, 스프링어 벌락(2001)
- R. C. 굽타, "누가 제로를 발명했을까?", 가니타 바라티 17(1995), 45~61페이지
- 다카오 하야시, 《바크샬리 원고: 고대 인도 수학 논문》, 엑버트 포스텐(1995)
- 다카오 하야시, 《인도의 수학》, 주오코론사(1993)
- 토마스 히스, 《그리스 수학의 역사 1》, 도버(1981), 7페이지
- 조르주 이프라, 《숫자의 보편적 역사》, 와일리(2000), 숫자의 역사에 관해 포괄적인 저작으로 잘 알려져 있으며 많이 인용되는 자료이다. 그렇지만 매우 학술적인 내용이거나 독창적인 연구를 바탕으로 기술된 책은 아니다. 이 책이 지속적으로 주목을 끄는 것은 인간의 지성사에서 중요한 단계인 숫자를 깊게 분석

한 연구가 필요하다는 반증일 것이다.
- L/ G. 자인, 《자이나 과학의 도》, 인도 아리한트 출판사(1992)
- 로버트 카니겔, 《무한을 알았던 사람: 천재 라마누잔의 생애》, 워싱턴 스퀘어 프레스(1991)
- 로버트 카플란과 엘렌 카플란, 《없는 것: 제로의 자연사》, 옥스퍼드 대학교 출판부(2000). 제로라는 수학적 개념에 대해 참고할만한 자료이며 제로 기호의 발전에 관한 내용도 일부 있지만 맨 처음 출현한 제로는 다루고 있지 않다.
- 루이스 C. 카핀스키, "힌두 아라비아 숫자", 사이언스 35 912호(1912년 6월 21일)
- G. R. 케이, "인도 수학에 관한 메모: 산술적 표기법", JASB(1907)
- G. R. 케이, "인도 수학", 같은 책 2권(1907년 9월). 인도에서 숫자가 처음 발명되었다는 것을 부정하는 이제는 오점이 된 원고.
- 존 키, 〈인도: 역사〉, 그로브 프레스(2000). 인도의 전반적인 역사를 탁월하게 다룬 저서.
- 폴 카이저, "1에서 1000까지 라틴 숫자의 기원", 미국 고고학회지 92호(1988년 10월)
- 칸원 랄, 《불멸의 카주라호》, 캐슬 북스(1967). 카주라호 사원들에 대한 전반적인 설명.
- 스티븐 랜싱, "발리의 인도화", 동남아 연구 저널(1983). 인도네시아에서 숫자에 관해 발견된 것들에 대한 설명이 들어 있다.
- 찰스 C. 만, 《1491: 콜럼부스 이전 아메리카에 관한 새로운 사실들》, 노프(2005). 마야 숫자와 제로 상형 문자가 잘 설명되어 있다.
- 존 맥리쉬, 《숫자의 역사》, 포셋 컬럼바인(1991)
- 나가르주나, 《중론》 제이 가필드 번역, 옥스퍼드 대학교 출판부(1995)
- 오토 노이게바우어, 《고대의 정밀 과학》, 프린스턴 대학교 출판부(1952)
- 틱낫한, 《아! 붓다》, 브로드웨이(1999)

- 루이즈 니콜슨,《인도》, 내셔널지오그래픽(2014)
- 케오 픽,《크메르 석조 예술》, 캄보디아 국립 박물관(2004)
- 킴 플로프커,《인도의 수학》, 프린스턴 대학교 출판부 (2009). 고대로부터 인도에서 수학이 발전된 역사를 전반적으로 기술한 포괄적이고 탁월한 저서.
- 그레이엄 프리스트, "카투스코티 논리", 비교 철학 1 2호(2010)
- C. K. 라주, "인도의 가능성(Probability in India)", 통계 철학, 노스 홀랜드(2011)
- 엘리너 롭슨, "셜록 홈즈도 바빌론도 아니다: 플림튼 322의 재평가", 히스토리아 매스매티카 28(2001)
- 데이비드 유진 스미스,《수학의 역사 2권: 초기 수학의 특별한 주제들》, 긴 앤드 컴퍼니 (1925)
- 데이비드 유진 스미스와 루이스 찰스 카핀스키,《힌두 아라비아 숫자》, 긴 앤드 컴퍼니(1911)
- 주달관,《진랍풍토기(Recollections of the Customs of Cambodia)》, 폴 펠리오가 극동 프랑스 학교 기관지 1호에 프랑스어로 번역 기고(1902). 재닛 미르스키 등이 편집한 〈위대한 중국 여행자(시카고 대학교 출판부 1974)〉에 영어로 재판.
- T. 틸레만, "불교 논리는 비표준적인가, 일탈적인가", 위즈덤 퍼블리케이션(1999)
- O. W. 월터스, "7세기 북서 캄보디아", 런던 대학교 동양 아프리카 연구 학회 37 2호(1974)
- 마크 제가렐리,《바보들을 위한 논리학》, 와일리(2007)